"十四五"高等教育机械类专业系列教材

工业测控系统设计实践

邵铁锋 主编

中国铁道出版社有限公司
CHINA RAILWAY PUBLISHING HOUSE CO., LTD.

北京

内 容 简 介

本书编者结合多年技术开发经验,以工业大系统为背景,根据工业测控系统组成,按照信号的产生、传递、处理、输出的主线编写。全书分为7章,包括绪论、传感器与信号、测控主机及通道、数据处理及控制算法、抗干扰技术、常用电子元器件选型及实验。

本书适合作为机电及测控相关专业的本科生、高职学生的教材,也可供相关技术人员参考。

图书在版编目(CIP)数据

工业测控系统设计实践/邵铁锋主编.—北京:中国铁道出版社有限公司,2023.3

"十四五"高等教育机械类专业系列教材

ISBN 978-7-113-29125-9

Ⅰ.①工… Ⅱ.①邵… Ⅲ.①工业-自动检测系统-系统设计-高等学校-教材 Ⅳ.①TP274

中国版本图书馆 CIP 数据核字(2022)第 080046 号

书　　名：	工业测控系统设计实践
作　　者：	邵铁锋

策　　划：曾露平	编辑部电话:(010)63551926
责任编辑：曾露平　许　璐	
封面设计：一克米工作室	
封面制作：刘　莎	
责任校对：苗　丹	
责任印制：樊启鹏	

出版发行：中国铁道出版社有限公司(100054,北京市西城区右安门西街8号)

网　　址：http://www.tdpress.com/51eds/

印　　刷：天津嘉恒印务有限公司

版　　次：2023年3月第1版　2023年3月第1次印刷

开　　本：787 mm×1 092 mm　1/16　印张：8.75　字数：226千

书　　号：ISBN 978-7-113-29125-9

定　　价：29.80元

版权所有　侵权必究

凡购买铁道版图书,如有印制质量问题,请与本社教材图书营销部联系调换。电话:(010)63550836

打击盗版举报电话:(010)63549461

前言

党的二十大报告指出"推进新型工业化，加快建设制造强国"。自动化设备制造业的发展水平影响着工业自动化的进程，也是衡量国家工业发达程度的重要标志之一。

自动化设备制造涉及机、电、管、控等多学科，知识面广、内容多。目前，很多高校都开设了相关课程，各课程相关教材及资料也已比较丰富，但内容相对分散。因此，我们编写了本书。本书以工业测控系统底层硬件电路及相关算法设计为主线，为初学者提供设计参考及技术入门，提高设计实践水平。

本书结合编者多年技术开发经验，以工业大系统为背景，根据工业测控系统组成，按照信号的产生、传递、处理、输出的主线编写。在内容上，以工程实际为主，所用数学公式及定理，只引用其结论，不做推导。全书共分为7章：第1章简介工业系统技术特点及工业测控系统组成；第2章介绍传感器基础知识、选型要点，简介不同类型传感器的基本概念及应用电路；第3章列举工业测控系统中常用主机及输入、输出通道；第4章列举了7种常用的数字滤波算法及PID控制算法；第5章介绍了工业测控系统设计过程中地线的基本概念及印制电路板（PCB）设计的基本规范；第6章列举了工业测控系统中常用的电子元器件，包括其基本参数及选型要点；第7章通过实验巩固基础知识，提高实践能力和系统集成创新意识。

本书适合作为机电及测控相关专业的本科生、高职学生的教材。书中内容以实际应用为主，涉及理论分析部分还需参考相关教材。

本书由中国计量大学邵铁锋主编，王栋、唐建祥参加了编写工作。具体编写分工：王栋编写了第1章，邵铁锋编写了第2~6章，邵铁锋、王栋、唐建祥共同编写了第7章，孙卫红对教材编写提出了宝贵的意见。全书由邵铁锋统稿。

在本书编写过程中，我们参考并引用了大量有关传感器、测控系统设计等方面的著作、论文和资料，限于篇幅未能在文中一一列举，在此一并对相关作者致以衷心的谢意。

由于编者水平有限，书中内容难免存在不足之处，望读者批评指正。

编 者
2022年10月

目 录

第1章 绪 论 ………………………………………………………… 1

1.1 工业系统技术概述 ……………………………………… 1
- 1.1.1 机电一体化技术特点 …………………………… 1
- 1.1.2 机电产品设计过程 ……………………………… 2
- 1.1.3 现代设计方法体系 ……………………………… 2

1.2 工业生产系统认知 ……………………………………… 4
- 1.2.1 生产系统组成 …………………………………… 4
- 1.2.2 制造业及其操作 ………………………………… 7
- 1.2.3 制造运行分析 …………………………………… 8
- 1.2.4 工业自动化 ……………………………………… 11

1.3 计算机过程测控技术 …………………………………… 15
- 1.3.1 测控系统组成 …………………………………… 15
- 1.3.2 过程控制的类型 ………………………………… 15
- 1.3.3 测量过程的不同称谓 …………………………… 16

第2章 传感器与信号 ……………………………………………… 18

2.1 传感器 …………………………………………………… 18
- 2.1.1 传感器的定义 …………………………………… 18
- 2.1.2 传感器的选型原则 ……………………………… 18
- 2.1.3 传感器的分类 …………………………………… 19

2.2 信号 ……………………………………………………… 30
- 2.2.1 信号的分类与描述 ……………………………… 30
- 2.2.2 信号频谱的概念 ………………………………… 31

第3章 测控主机及通道 …………………………………………… 32

3.1 测控主机 ………………………………………………… 32
- 3.1.1 可编程控制器（PLC） ………………………… 32
- 3.1.2 触摸屏 …………………………………………… 32
- 3.1.3 嵌入式测控仪器 ………………………………… 32
- 3.1.4 工业PC …………………………………………… 33

3.2 模拟输入通道 ·········· 33
3.2.1 信号调理电路 ·········· 34
3.2.2 采集电路选择 ·········· 35
3.2.3 A/D 转换器的选择 ·········· 35
3.2.4 模拟输入通道的误差分配与综合 ·········· 36
3.3 模拟输出通道 ·········· 37
3.3.1 模拟输出通道的基本结构 ·········· 37
3.3.2 D/A 转换器 ·········· 39
3.4 开关量输入/输出通道 ·········· 39
3.4.1 开关量输入通道 ·········· 39
3.4.2 开关量输出通道 ·········· 40
3.5 电气性能匹配 ·········· 42

第4章 数据处理及控制算法 ·········· 44
4.1 常用数字滤波算法 ·········· 44
4.1.1 算术平均滤波 ·········· 44
4.1.2 中位值滤波 ·········· 45
4.1.3 限幅滤波 ·········· 45
4.1.4 中位值平均滤波法 ·········· 46
4.1.5 递推平均滤波法（滑动平均滤波法） ·········· 47
4.1.6 低通滤波 ·········· 47
4.1.7 复合滤波 ·········· 48
4.2 PID 算法原理及实现 ·········· 48
4.2.1 模拟 PID 调节器 ·········· 48
4.2.2 数字 PID 调节器 ·········· 49
4.2.3 PID 算法流程 ·········· 49
4.2.4 PID 参数选择 ·········· 51

第5章 抗干扰技术 ·········· 53
5.1 接地技术 ·········· 53
5.1.1 地线概念 ·········· 53
5.1.2 共地与浮地 ·········· 54
5.1.3 接地方式 ·········· 54
5.2 印制电路板设计 ·········· 55
5.2.1 元器件布局基本原则 ·········· 55

5.2.2　PCB 布线规则 ·· 56
　　　5.2.3　印制电路板的布局 ··· 59

第 6 章　常用电子元器件选型 ·· 61

6.1　电阻器选型 ·· 61
　　　6.1.1　电阻基本参数 ·· 61
　　　6.1.2　电阻的种类 ·· 62

6.2　电容器选型 ·· 63
　　　6.2.1　电容基本参数 ·· 63
　　　6.2.2　电容的种类 ·· 64

6.3　二极管选型 ·· 64
　　　6.3.1　二极管基本参数 ·· 64
　　　6.3.2　二极管种类 ·· 65

6.4　三极管选型 ·· 67
　　　6.4.1　三极管基本参数 ·· 67
　　　6.4.2　三极管种类 ·· 68

6.5　金属-氧化物半导体场效应三极管（MOSFET）选型 ···················· 68
　　　6.5.1　MOSFET 基本参数 ··· 68
　　　6.5.2　MOSFET 种类 ··· 69

6.6　运算放大器选型 ·· 70
　　　6.6.1　运算放大器基本参数 ·· 70
　　　6.6.2　运算放大器种类 ·· 70

第 7 章　实　验 ·· 72

7.1　实验背景 ·· 72
　　　7.1.1　系统简介 ·· 72
　　　7.1.2　系统设备功能 ·· 73
　　　7.1.3　系统设备类型 ·· 73

7.2　案例分析实验 ·· 74
　　　实验 1　包装生产线总体分析 ·· 74
　　　实验 2　工业装备案例分析 ·· 75

7.3　分项实验 ·· 80
　　　实验 1　气动控制系统设计实践 ·· 80
　　　实验 2　单片机最小系统硬件认知 ·· 81
　　　实验 3　按键设定与显示实验 ·· 83

实验 4 单片机串行 A/D 采样 ……………………………………… 84
  实验 5 单片机控制实验 ………………………………………………… 88
  实验 6 数字滤波算法 C51 实现 ……………………………………… 89
  实验 7 滤波电路设计实验 …………………………………………… 90
 7.4 综合实验 ……………………………………………………………………… 94
  实验 1 智能检重分选实验 …………………………………………… 94
  实验 2 嵌入式 AGV 系统设计 ……………………………………… 102
  实验 3 基于机器视觉的产品质量检测系统设计 ……………………… 105
  实验 4 生产线气压测控系统设计 ……………………………………… 106
  实验 5 实验室环境检测系统 …………………………………………… 108
  实验 6 智能下料传送装置 ……………………………………………… 109
  实验 7 非接触式温度测量装置设计 …………………………………… 110
  实验 8 机械臂码垛实验 1 ……………………………………………… 112
  实验 9 机械臂码垛实验 2 ……………………………………………… 113
  实验 10 直流电动机控制实验 …………………………………………… 114

附录

 附录 A 单片机板接口及安装 …………………………………………………… 117
 附录 B 项目过程控制——项目领料单 ……………………………………… 120
 附录 C 项目过程控制——实验过程评价表 ………………………………… 121
 附录 D 项目验收——答辩评价表 …………………………………………… 121
 附录 E 常用电子元器件选型表 ………………………………………………… 122
 附录 F 图形符号对照表 ………………………………………………………… 129

参考文献 …………………………………………………………………………………… 130

绪 论

1.1 工业系统技术概述

1.1.1 机电一体化技术特点

现代机电装备已不同于传统的机械系统,机电一体化成为机电装备系统发展的核心技术。如图 1-1-1 所示,执行机构、机械装置、能源、传感器和计算机是机电一体化系统的基本要素。机电一体化技术的突出特点在于它把微电子技术、计算机和信息处理技术、自动控制技术、传感与测试技术、伺服驱动技术、系统总体技术等"揉合"到机械装置中,从而获得了过去单靠某一种技术无法实现的功能和效果。这些技术的互补优势主要表现在:

(1) 大规模集成电路的出现。大规模集成电路出现后,其性能不断提高,市场价格持续降低,使集成化电子技术大量应用在普通机械上成为可能。

(2) 微处理器技术的发展。微处理器技术使以前需要用大型计算机处理的工作可以由一个廉价的"单元片"完成,而且可以很方便地嵌入到机器上。

(3) 传感器的发展与信息的利用。机电一体化技术中,传感器的发展使得控制系统可以随时掌控现场的各种状态信息,从而实现高精度、高复杂性的运动控制。

(4) 执行机构的开发。在机电一体化发展的同时,也开发了便于用电信号控制的驱动装置,例如步进电机、伺服电机等新的执行机构产品。借助这种具有机电一体化功能的执行机构,能够开发出一些功能上在以前的机器或设备上无法实现的高精度产品。通过变更控制程序,就能方便地实现对执行机构的控制。

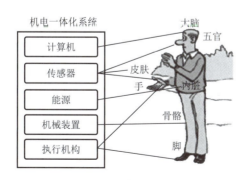

图 1-1-1 机电一体化系统的组成

1.1.2 机电产品设计过程

产品设计过程包括六个步骤：需求分析、问题定义、方案设计、分析和优化、方案评价和详细设计，如图 1-1-2 所示。

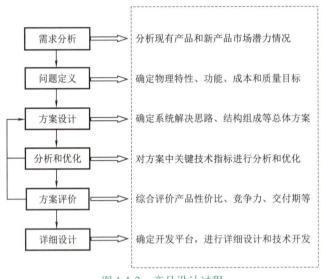

图 1-1-2　产品设计过程

需求分析和问题定义涉及做正确的事的决策问题，需要工程技术部与市场部人员共同参与。方案设计到方案评价是一个循环的不断改进的技术过程，常需要借助技术文献和仿真分析工具和领域内专家的支持。详细设计阶段常需要画出具体的施工图，进行具体的技术开发。

1.1.3 现代设计方法体系

通常将以经验总结为基础，运用理论计算公式，参照图表和设计手册，应用统一规定的标准进行设计的这样一套半经验半理论的设计方法称为传统设计方法，即常规设计方法。常规设计方法典型的代表是功能设计方法。

20 世纪 60 年代以来，随着计算机的广泛应用，新工艺、新材料的不断出现，微电子技术、信息处理技术及控制技术对机械设计的渗透和有机结合，以及与设计相关的基础理论的进一步深入，在设计领域相继诞生了一系列新兴学科并有了一定的发展。这些学科汇集成为一个设计学新体系，即现代设计方法。现代设计方法体系包括优化设计、可靠性设计、有限元设计、计算机辅助设计、造型设计、人机工程设计和绿色设计。

1. 优化设计

优化设计（optimal design）是把最优化数学原理应用于工程设计问题，在所有可行方案中寻找最佳设计方案的一种现代设计方法。进行工程优化设计，首先需要将工程问题按优化设计所规定的格式建立数学模型，然后选用合适的优化计算方法在计算机上对数学模型进行寻优求解，得到工程设计问题的最优设计方案。

2. 可靠性设计

可靠性（reliability）是指产品在规定的环境和使用条件下和规定的时间内完成规定功能

的能力（概率表示的可靠性指标的量化）。可靠性设计是以概率论和数理统计为理论基础，以失效分析、失效预测及各种可靠性试验为依据，以保证产品的可靠性为目标的现代设计方法。可靠性设计的基本内容是：选定产品的可靠性指标及量值，对可靠性指标进行合理的分配，再把规定的可靠性指标体现到产品的设计中去。

3. 有限元设计

有限元设计是以计算机为工具的一种现代数值计算方法。有限元设计不仅能用于工程中复杂的非线性问题、非稳态问题，如结构力学、流体力学、热传导、电磁场问题的求解，还可用于工程设计中复杂结构的静态和动力分析，并能准确计算形状复杂零件，如机架、齿轮、叶片等的应力分布和变形，成为复杂零件强度和刚度计算的有力分析工具。

4. 计算机辅助设计

计算机辅助设计（computer aided design，CAD）是利用计算机来完成计算、选型、绘图及其他工作的一种现代设计方法。它包括产品分析计算和自动绘图两部分功能，甚至扩展到具有逻辑能力的智能CAD。通常所说的CAD系统是指由系统硬件和系统软件组成，兼有计算、图形处理和数据库等功能，并能综合利用这些功能完成设计任务的系统。CAD是产品或工程的设计系统，能支持分析、计算、综合、创新、模拟及绘图等各项基本设计工作。机械设计常用的CAD软件包括AutoCAD、Pro/E、Solidedge、UG等，我国北航海尔公司开发的CAXA系列软件在工程中也得到了广泛应用。

5. 造型设计

工业产品造型设计是工程技术与美学艺术相结合的一门新学科。它是指在保证产品实用功能的前提下，用艺术手段按照美学法则对工业产品进行造型设计，对结构尺寸、表面性态、色彩、材质、线条、装饰及人-机关系等因素进行有机的综合处理，从而使产品造型美观。实用和美观的统一是工业艺术造型的基本原则。

6. 人机工程设计

现代化产品不是一个孤立的实体，它处于"人-机-环境"大系统中，在产品设计中满足功能要求基础上，还必须考虑到人的心理、生理因素在大系统中的作用，注意产品使用特性与人体感觉器官、人体形态和力学特性的匹配，才能使人机和谐，发挥出最佳的系统工作特性。目前人机工程作为一门综合性学科，形成了工程技术和生理学、人体解剖学和劳动卫生学的交叉科学理论和方法体系，在现代产品的宜人性设计中发挥着重要的作用。

7. 绿色设计

传统上新产品设计中主要考虑设计和制造方面的因素，资源能源方面考虑较少。绿色设计把产品视为与人和自然共存的实体，需要研究包括需求、设计、制造、销售、废弃/回收再生等广义生命周期的每一个阶段中产品与人和环境的影响，减少资源消耗、减少废弃物排放，使零部件能够方便地回收再生、重复利用。绿色设计不仅是技术方面的考量，更是观念上的变革。

设计方法学（design methodology）是研究设计的一般性方法、技巧、手段、进程及规律的一门新型综合学科。目前国际上对设计方法学的研究主要分为两个学派，即德国学派和英美学派。前者的特征是偏重研究设计的过程、步骤和规律，进行系统化的逻辑分析，并将成熟的设计模式、解法等编成规范供设计人员参考，从而形成系统分析设计体系；后者则重视创造性设计的研究，强调创造能力的开发，在总结人类创造性思维特点和类型的基础上，归纳出各种不同的创造性技法，从而形成创造性设计法体系。最典型的代表就是 TRIZ 理论，即发明问题的解决理论。TRIZ 理论认为发明问题的核心是解决冲突，在设计过程中不断发现冲突，利用发明原理解决冲突，才能获得理想的产品。

现代设计方法不仅指设计方法的更新，也包含了新技术的引进和开发产品的创新。微电子技术和信息技术的发展使机械产品由传统状态发生了质的变化，有效地解决了向高效能、自动化、综合化、柔性化和智能化发展的问题。光、机、电、气、液一体化技术初步形成，使机械装备系统自动监测、数据处理与显示、自动调节控制以及自诊断和保护等功能得到极大的改善。

1.2　工业生产系统认知

1.2.1　生产系统组成

生产系统是指实现生产运作所需的人、设备和流程的集合，可分为生产设施和制造支持系统两部分。

1. 生产设施

生产设施由工厂、生产设备以及控制制造运行的计算机系统组成。一般把一套组织化的加工设备、机器人及其操作工人一起称为工厂的制造系统，例如一条生产线。制造系统是与产品及其生产过程直接接触的设施。对制造系统组织类型起决定作用的一个重要因素是其所生产的产品。

产品种类是指一个工厂生产产品的不同规格和型号，不同类型的产品一般面向细分的特定市场。低产量企业生产多种规格的产品，每种产品的产量一般在低产或中产量范围，另一些工厂则专注于大批量生产单一产品。

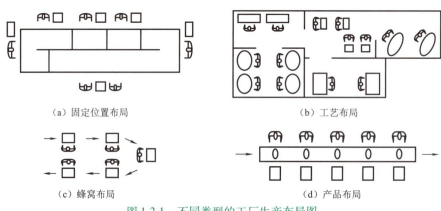

图 1-2-1　不同类型的工厂生产布局图

1) 小批量生产设施布局

如果产品又大又重,很难在厂区搬动,如飞机,则至少在装配的时候将它保持在一个固定的位置,加工设备和工人将围绕它工作,这时的工作间将采用固定位置布局,如图1-2-1(a)所示,还需要借助大型起重设备完成总装;如果是单一部件的加工,则采用工艺布局,即按照设备功能或类型进行布局如图1-2-1(b)所示。不同的零部件有不同的加工操作和工艺流程,工艺布局更注重灵活性而不是高效率。

2) 中等批量生产设施布局

根据不同类型产品的特点,可以将产品之间的差异分为硬性和软性差异。不同种类的产品之间的区别是硬性,而不同型号的同种产品之间的区别是软性的。如果产品种类的差异是"硬性"的,则采用分批生产的方式,小批量生产一种产品后再开始生产另一种产品。分批生产设备的生产效率高于单一设备的生产效率,但在变换所生产产品的过程需要花费时间更换工具或重新编制设备程序,这个时间称为启动时间或换挡时间。如果产品种类区别是软性的,中产型生产设施布局方法可以有所变通。相似的部件可采用同一设备来生产,以免变换产品过程浪费时间。不同产品或部件的加工装配可采用包含多个工作站或设备的单元化车间,每一车间单元按照成组技术原理专业生产某些类型相似的零部件,这种布局称为蜂窝布局,如图1-2-1(c)所示。

3) 大批量生产设施布局

大批量生产分为批量生产和流水线生产。批量生产指在单一种类的设备上大批量生产单一的零部件,设备布局形式如图1-2-1(b)所示。流水线生产包括按顺序排列的多个工作站,零件和配件按空间顺序输送过程进行生产。这些工作站包括生产机器和配备了专业工具的工人,是专门针对生产率最大化而设计的,这种工作站排列成长线形的布局称为产品布局,如图1-2-1(d)所示。工件通过动力输送机在工作站之间传送,每一个工作站完成每个产品加工过程的一部分工作。最常见的流水生产线是汽车装配生产线。

流水线生产本来是面向单一产品的大批量生产。然而,成功开发产品市场常需要引入多种型号产品,以便用户能选择自己心仪的风格和配置。例如现代化的汽车装配线上,需要在基本轿车车型设计的基础上为不同型号的车提供不同的配件和备件。

图1-2-2说明了生产设施的类型和布局的关系。可以看出,产品种类和产品数量在工厂运行时具有反向的关联性,产品种类多则产量低,反之亦然。

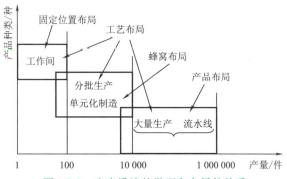

图1-2-2 生产设施的类型和布局的关系

2. 制造支持系统

制造支持系统是指管理生产、解决技术和物流问题、保障质量的一整套体系。为了满足产量要求，必须有效运行生产设施，实现加工工艺、计划和控制生产流程，这些任务由制造支持系统完成。大部分制造支持系统不直接与产品接触，但可通过工厂的管理体系来规划和控制产品的生产过程。

制造支持系统涉及四个信息处理功能的持续循环：商务功能、产品设计、制造计划和制造控制，如图 1-2-3 所示。

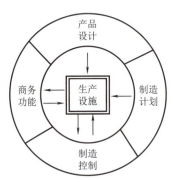

图 1-2-3　制造支持活动循环过程

1）商务功能

商务活动是与用户沟通的基本形式，因而成为信息处理循环的起点和终点，包含了销售和市场营销，销售预测，订单输入，成本核算和用户清单。生产产品的订单通常起源于用户并由企业销售，由市场营销部门负责执行。生产订单一般有三种形式：①按照用户需求制造的产品；②订购制造商的专有产品；③基于专有产品未来需求预测的内部订单。

2）产品设计

按照用户设计制造的产品由用户提供设计，制造企业的设计部门一般不介入。按照用户需求制造的产品一般由制造企业的设计部门负责设计。制造企业专有产品则由企业自己负责开发和设计。启动一个新产品的设计流程常源于企业的市场营销部门，完成产品设计则需要研究开发、工程设计、制图等部门，也许还有试制车间。

3）制造计划

产品设计信息和文档指向制造计划功能。制造计划信息处理活动包括工艺计划、主生产进度计划、资源需求计划和容量计划。

（1）工艺计划包括确定生产部件所需的工艺和装配操作，由制造工程和工业工程部门负责规划工艺和相关的技术细节。

（2）主生产进度计划是关于什么时候交付多少数量产品的一张列表，常用来列明交货的月份。基于这个计划，再制定组成产品的每个部件和配件的生产计划。

（3）资源需求计划任务是订购或从仓库调拨原材料，向供应商订购外购件等事务也必须规划好，为后期应用做好准备。

（4）容量计划的一项功能是确定人力和机器等企业资源，因为总体进度计划所列产品数量应不超过现有设备条件下工厂每月的生产容量。

4）制造控制

制造控制关注的是工厂执行制造计划的实际运作。制造控制包括车间控制、库存控制和质量控制。

（1）车间控制处理产品加工、装配、搬运和检测流程监视问题。

（2）库存控制试图在库存太少造成缺料风险和库存太多增加运行成本之间取得平衡，如确定需订购原材料的具体数量和什么时候补订库存量变低的材料。

（3）质量控制是确保产品及其配件符合产品设计规格的要求。质量控制依靠产品制造期间不同阶段的检测活动来实现。例如接收外购原材料和组成部件时的品质检测，针对最终产品的功能和外观进行检测和测试等。

1.2.2 制造业及其操作

1. 制造业的分类

行业领域分为第一、第二和第三产业。第一产业实现对自然资源的养殖和开采，如农业和矿业。第二产业把第一产业的输出转换成产品，如药品、食品和钢铁加工制造业。第三产业是为经济活动提供服务的行业，如旅游、商贸物流业。制造业是第二产业的基本活动，是一个国家的支柱产业。

制造企业运行形式依赖于它所制造的产品的种类。按照制造产品特点，制造业可分为过程工业和离散制造业。过程工业包括石油、化工、制药、基本金属、食品、饮料和电力。离散制造业包括汽车、飞机、计算机、装备和这些产品的组成部件。离散制造业的生产运行方式可分为连续生产和分批生产，如图1-2-4所示。

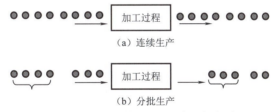

图1-2-4 离散制造业的生产运行方式

连续生产是指生产设备专用于指定产品的生产，产品输出是不间断的。流程工业的生产意味着要处理连续的材料流，如液体、气体、粉状物等。离散制造业的连续生产意味着生产过程没有产品的变换。分批生产是指一次处理的材料是有限的量，不同批次之间存在生产中断。分批处理的原因是每次能够处理的材料有限定或不同批次处理的材料不同。制造业的最终产品可以是用于生产产品的机器或服务装备，有些公司则把材料、配件等作为最终产品，例如钢板、棒料、金属冲压机、机加零件、塑料模具和润滑剂。

2. 制造操作活动

制造操作活动是指工厂将原材料变为最终产品过程有一些基本的生产活动。离散制造业的制造操作活动主要包括产品加工、材料处理、检测与测试、协调与控制。其中产品加工、材料处理、检测与测试是直接接触产品的操作。

1）产品加工

产品加工是离散制造业最基本的操作，通过加工操作改变加工对象的形状、特性或外观，装配操作把离散的零部件组合安装成一个具有新功能的产品，直接使产品增值。过程工业产品的前期加工结束，将被定量包装成离散化的单元，如各种盒装药品、化妆品和罐装饮料等。

所以过程工业的后期包装加工环节，其操作同离散产品制造活动类似。

2) 材料处理

从工厂的原材料购进入库起，直到工厂成品库的产品发送为止，都会涉及材料处理环节。理想的材料处理操作应安全、高效、低成本、及时、准确（正确的材料、正确的数量、正确的位置）。材料处理占整个制造成本的很大一部分，这个比例因生产类型和材料处理自动化水平的差异而不同。因自动化水平的限制，我国目前的物流成本占总费用的30%~40%，远高于发达国家。

材料处理环节的典型操作是按照加工工艺要求把产品从一个工序向下一个工序输送，以及产品加工完成后，成品的转存及自动仓储处理。图1-2-5所示是某零件分批生产过程所花时间比例。其中95%用于材料搬运和等待，只有5%时间用于加工，而且加工过程里的30%用于车削操作，其他70%用于材料装卸和定位操作。如果产品检验后发现问题，还需额外花费返修时间。可见，材料处理是提高生产效率的重要环节。

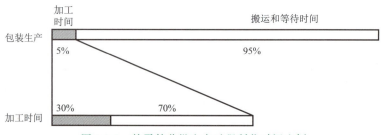

图1-2-5 某零件分批生产过程所花时间比例

3) 检验与测试

检验与测试是保障质量的必要操作，检验主要检查所用原材料、所生产部件或产品是否符合产品的设计要求，而测试主要针对最终产品的整体功能性要求进行检验。随着企业对产品生产效率和质量水平要求的提高，针对材料和产品的在线识别、在线质检技术，以及加工装备状态检测、故障诊断技术的应用日益受到重视，成为高级自动化的重要内容。

4) 协调与控制

协调与控制操作对象包括过程控制和厂级监控的业务活动。过程控制主要通过输入参数调节使加工过程输出满足产品生产的性能指标要求，这是自动化和控制技术的基本工作任务。厂级监控包括人力的有效利用，设备安全监控和维护，工厂材料搬运，库存控制，按生产进度规划配送符合质量要求的产品，并尽可能保持较低的生产成本，这些操作属于高级自动化功能活动。

1.2.3 制造运行分析

1. 生产效益

生产效益相关的概念包括生产效率、制造准备时间、生产容量和在制品。

1) 生产效率

一个加工装配操作的生产效率常用每小时产出的部件或产品来表示，生产效率由生产操作时间决定，见表1-2-1。

表 1-2-1 生产效率比较

生产类型	分批生产	单件定制生产	流水线生产
花费时间 T_p/min	$T_p = T_{sc}/Q + T_c$	$T_p = T_{sc} + T_c$	$T_p = T_c = T_{O,max} + T_r$
生产效率 R_p/(件·h^{-1})	$60/(T_{sc}/Q + T_c)$	$R_p = 60/(T_{sc} + T_c)$	$R_p < 60/T_c$

注：Q 为产品数量（件）；T_{sc} 为生产准备时间（min）；T_c 为生产周期（min）；T_r 为工作站间传送工件的时间（min）；$T_{O,max}$ 为最长操作时间（min）。

生产周期 T_c 是指在机器上加工或装配一个工件所花费的时间，包括实际加工操作时间 T_O、工件处理时间 T_h、每个工具的处理时间 T_{th}，即

$$T_c = T_O + T_h + T_{th} \tag{1-2-1}$$

工具处理是指当工具破损时更换同型号的新工具，或根据加工工艺需要更换其他类型的工具，这都会花费一定的时间，但不是每个产品加工过程都需要换新工具或更换各种类型的工具，所以工具处理时间往往要取一个平均时间值。

流水线方式的生产准备时间也可以忽略，但生产操作会受生产线各工作站之间的相互影响而变得复杂，完成加工花费时间最长的工作站决定了整个流水线的节奏。生产线上常把工件同步地向下一站搬运，生产周期还包括每个操作结束后，把工件向下一个站搬运的时间。综上所述，生产周期 T_c 是最长操作时间 $T_{O,max}$ 与工作站间传送工件的时间 T_r 之和。而且可靠性差的工作站一旦崩溃，整个生产线将被迫停止生产，实际的生产效率将大大低于 $R_p = 60/T_c$。

设计与用户的产品需求节奏一致的制造方式是很重要的。例如如果一个按照用户需求制定的生产计划是每天生产 1 批次产品，每批次容量是 100 件产品，每批次用 400 min，则生产节奏为 4.0 min/件。

2）制造准备时间

在市场竞争中，能在最短的时间里将产品交付给客户常常会赢得订单。这个工厂加工指定产品所需时间可称为制造准备时间 MLT。离散生产类型的制造准备时间（MLT）比较，见表 1-2-2。

表 1-2-2 制造准备时间比较

生产类型	分批生产	单件定制生产	流水线生产
MLT/min	$MLT = n_0(T_{su} + QT_c + T_{no})$	$MLT = n_0(T_{su} + T_c + T_{no})$	$MLT = n_0(T_{o,max} + T_r)$

注：n_0 为生产一件产品所需的操作数量；T_{sc} 为生产准备时间（min）；Q 为产品数量（件）；T_c 为生产周期（min）；T_{no} 为机器有关的非操作时间（min）；T_r 为流水线站间传送工件的时间（min）。

3）生产容量

生产容量（production capacity）是一定生产条件下生产设施所对应的最大产出率。生产条件是指工厂每天生产批次数、一周或一个月工作的天数、职工技能水平等。对于连续的化工生产，因为要在很高的温度才能产生化学反应，所以化工厂每天工作 24 h，每周工作 7 天。在汽车装配厂，容量是指每天 1 到 2 个批次。在制造离散零部件的企业也倾向于每天工作 24 h，每周工作 7 天的方式，那么最大的工作时间是 168 h/周，如果生产时间低于这个值，则称为生产容量没有充分利用。

工厂的生产容量会受到设备实际利用率和有效率影响。利用率指生产设施产出量相对于

它的容量，常用百分数表示。有效率是对自动生产设备可靠性的测量，常用两个称谓来表示：平均故障时间 MTBF（mean time between failure）和故障恢复时间 MTTR（mean time to repair）。MTBF 表示设备运行中发生故障的平均时间间隔。MTTR 表示故障发生后维修并使设备再次投入运行所需的平均时间。设备投入运行后，越旧的设备有效率越低。校正前后生产容量比较见表 1-2-3，表中的两个公式可以很方便地修正为以月或年为基准的核算方式。

表 1-2-3　校正前后生产容量比较

类型	基本生产容量	修正后生产容量
每周生产件数 PC	$PC = nSHR_p$	$PC = AU(nSHR_p)$

注：n 为工厂的加工机器数量；H 为每批次加工件数；S 为一周加工的批次数；R_p 为生产效率；利用率(%) $U = Q/PC$；有效率(%) $A = (MTBF - MTTR)/MTBF$。

4）在制品

在制品是工厂当前正在加工或在加工操作站间传送的部件或产品。在制品清单是包括从原材料传送开始到最终产品的所有物品。近似的在制品测量模型 WIP 可表示为

$$WIP = \frac{AU}{SH} PC \times MLT$$

在制品代表了工厂的生产投入，只有等完成了所有加工操作，这个投入才能变为产出。许多工厂因为在制品操作过程太长而花费了主要的成本。

2. 制造费用

1）固定和可变费用

制造费用分为固定费用（FC）和可变费用（VC）两种。固定费用指任何产出水平下都是常量的成本，如工厂建筑和生产设备、保险和财产税等。固定费用按年度核算。可变费用与产出水平成比例，即产出水平提高，可变费用增加，例如直接的人力费用、原材料和生产设备所用电费等。设 Q = 年产量（件/年），总费用

$$TC = FC + Q \times VC \tag{1-2-2}$$

如图 1-2-6 所示，自动与人工生产方式费用相比较，自动生产的固定费用高，而人工生产的可变成本高，人工生产费用在产量低时有优势，自动生产费用在产量高时有优势。

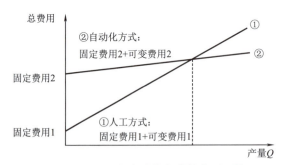

图 1-2-6　人工与自动化方式的费用比较

2）劳动力、材料和日常开支

固定和可变的分类方法不是费用的唯一分类方法。另一个分类方法就是将费用分为直接劳动力、材料和日常开支，这样更便于分析生产费用。

直接人力费用 = 付给操作机器完成加工任务的工人的工资和津贴的总和
材料费用 = 用于生产产品的原材料的费用（因企业产品不同而存在差异）
日常开支 = 制造企业运行的所有其他费用 = 工厂日常开支 + 业务日常开支

工厂日常开支包括除劳动力和原材料以外的其他费用，如工厂监督、生产线管理、人员安全保障、工具损耗、材料处理、物品配送、空调、照明、机器电费等。典型的业务日常开支包括制造活动以外的其他一切开支，如市场开拓、财务核算、工程开发活动及人员费用、办公用房及相关照明、空调等。近年来，常以直接人力成本作为基数，以简化的开支率计算方法来表示费用开支的比例关系：

（1）工厂开支率：FOHR = 费用开支 ÷ 制造用工费用。
（2）每年业务管理费用开支率：COHR = 管理费用开支 ÷ 管理用工费用。

3）设备运行费用

上述开支比率的问题是只考虑了人员费用。实际上一个旧式机器及其操作工人和数控加工中心及其操作工人的运行费用、生产效率是相差很远的，如果不考虑这一点，开支比率计算方式并不能精确反映制造成本。一个可行的方法是将设备使用费用分为设备费用和直接人力费用两部分。人力费用与原来相同。

设备年使用费 UAC = 设备初期投入 IC × 年使用折旧因子。设每小时的设备使用费用率 C_m = UAC/每年使用的小时数。将工厂开支率 FOHR、每小时的设备使用费用率 C_m 和每小时的人力费用率 C_L 进行综合，可以得到大型加工设备总的开支率为

$$C_O = C_L(1 + FOHR_L) + C_m(1 + FOHR_m)$$

1.2.4 工业自动化

1. 生产自动化与人工劳动

1）自动化的实现方式

生产自动化包括制造系统自动化和制造支持系统的计算机化。

（1）制造系统自动化。制造系统自动化对工厂的物料可实现加工、装配、自动检测或材料处理的自动操作。一般的自动化系统需要与工人配合完成操作，高级的自动化系统几乎没有人工参与操作。现代自动化制造系统有三种类型，见表1-2-4。

表 1-2-4　自动化制造系统的三种类型

类型	刚性自动化	可编程自动化	柔性自动化
设备操作	采用专用设备；所有机器按同一节拍工作，一台机器出现故障，整个生产停止	采用通用型设备；通过编制新程序，改变操作顺序，实现不同配置的产品的生产	采用专用设备；混合生产不同零部件但没有变换时间消耗，前提是不同产品之间的差别较小
经济特点	前期投资大，生产效率高；所生产产品的种类少/产量高，比产品单价有一定优势	前期投资大，使用周期长；比刚性系统生产效率低；可灵活处理产品结构的变形	前期投资大，生产效率中等，能灵活处理不同工艺流程，进行不同产品的连续混合生产
设备实例	用于可靠性高、速度快的机器，如专用机床和装配机器	用于分批生产的 PLC 等可编程设备、数控机床、工业机器人	多功能的复杂设备，如带有工件传送存储设备的数控加工中心

(2)制造支持系统计算机化。

制造支持系统自动化的目标是通过计算机化减少人工和资源的投入。几乎所有现代制造支持系统与制造系统都是通过计算机来实现的。工厂中商务功能、产品设计、制造计划和制造控制等制造支持活动形成了一个事务循环,为制造操作活动成功生产产品提供所需的数据和知识,它们伴随实际生产活动但不直接接触产品,如图 1-2-7 所示。

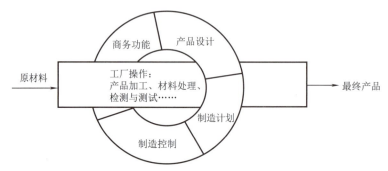

图 1-2-7　制造系统与制造支持系统的关系

2)实行生产自动化的原因

生产自动化的原因是多方面的:

(1)提高劳动生产率。自动化最大的优势是提高劳动效率,这意味着更大的投入产出比。

(2)减少劳动成本。劳动力成本随着工业化社会的发展持续增加,增加自动化的投出代替人工操作成为企业经济合理的选择。

(3)改善人们的工作条件,提高工作效率。减少或消除繁重的人力操作和书写任务,使人们从实际操作变为监督工作过程,从而可以改善人们的工作条件,提高工作效率。

(4)提高产品质量。自动化比人工有更高的生产效率,有助于满足规范统一的质量和外观要求。减少产品表面缺陷是自动化的一个主要优势。

(5)减少制造准备时间。自动化有助于减少客户订货到交货之间所花费的时间,为未来的订单提供了竞争优势。减少准备时间也可减少在制品库存。

(6)完成人工无法完成的工作。高精度、微型化、几何复杂度的加工是人工难以完成的,需要借助 CAD 模型和数控设备的自动化集成系统来完成。

3)生产中的人工劳动

现代自动化生产系统中还需要人力劳动吗?答案是肯定的。从经济角度考虑,企业会在人工和自动化系统之间进行成本分析,在人力成本较低的国家,人工操作还会持续相当长的时间。人与机器的比较优势见表 1-2-5。

表 1-2-5　人与机器的比较优势

人	机　器
能感受非预期的刺激,适应变化; 能开发解决问题的新方案; 能处理抽象的问题; 从观察到生产,从经验中学习; 能做出基于不完备数据的艰难决策	能存储大量数据,可靠地恢复所存储数据; 能持续重复地执行规定的任务; 能同时执行多个任务; 能运用很大的力和动力; 能快速执行简单计算及常规决策

（1）制造系统人工优势。在工厂制造系统中，人工工作与自动机器相比具有的优势如下：

①能适应生产需求不断变化的情况。自动化系统设计之初是有功能和容量的限制的，但人工劳力的增减方便，人的技能适应面宽，适用于需求不稳定的产品试制阶段，以及产量小、功能多变的用户定制产品生产。

②完成难以自动化的技术任务，即过程复杂，需要手眼协调、不断调整的任务。

（2）制造支持系统人工的作用。尽管很多制造支持系统商业软件可生成资源需求计划（MRP），但还需要人解释系统的输出或执行生产计划管理。CAD/CAM很少以完全自动的方式运行，人作为设计者可完成创造性设计工作，制造工程师通过计算机辅助工艺规划系统可完成工艺和路径的规划，CAD/CAM辅助和放大了人的创新潜力，提高了效率和质量。无论自动化程度如何，制造支持系统总是需要人完成做决定、学习、工程化、评估、管理等各种适合人类来完成的工作。即使整个工厂实现了自动化，在制造支持系统也需要人完成以下工作：

①设备维护：需要技能的维护维修和可靠性改进工作；

②编程和计算机操作：流程变化的数控、机器人控制；

③工程项目工作：生产机器改造、工具设计等；

④工厂管理：保障工厂运行的技术管理人员。

2. 自动化系统的层级与功能

1）自动化系统的层级

从现代企业运行角度，工业自动化系统可分为装置级、程序/设备级、系统/机器级、工厂级、企业级五个层次（见表1-2-6）。制造业有两种类型：过程工业和离散制造业。由于产品制造工艺和原材料不同，这两类工业系统层次结构的内涵也有差别。

表 1-2-6　工业自动化系统层级及功能

层　　次	功　　能
企业级	管理信息系统，战略规划等高层管理
工厂级	生产计划、材料处理、在制品/流程跟踪、设备监控
系统/机器级	组成总体生产流程的互连单元协调控制
程序/设备级	流程单元和设备运动操作程序的控制
装置级	传感器、执行器等基本单元

过程工业控制主要集中在连续量（如压力、流量、温度等连续物理量）的参数控制，而离散制造业主要控制机械的运动，所以虽然底层装置级组成单元名称相同，但传感器和执行器输入输出的变量类型是不一样的。如旋转编码器测量到的表示电机旋转速度的脉冲队列，以及表示阀门开关的二进制开关信号，这些信号都是离散的信号。过程工业常见的压力和温度信号一般都是连续信号。以连续量控制为主的系统称为连续控制系统，以离散量控制的系统称为离散控制系统。

2）工业控制系统层次结构

对应到工业自动化系统，可以把一般工业控制系统分为基本控制、过程控制和管理控制三个层次，如图1-2-8所示。

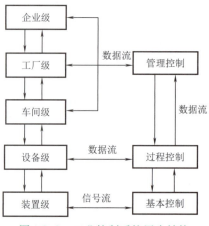

图 1-2-8　工业控制系统层次结构

（1）基本控制。包括对连续变量的回路控制和电机、气缸等执行器的驱动控制。具体功能包括反馈控制，联锁控制，查询、中断控制与响应处理。基本控制可以被设备级的程序控制和企业高层控制激活或停止。

（2）过程控制。连续量控制流程，包括根据现场采集数据计算控制参数，并改变基本控制系统的设定值；离散控制是按照工艺流程控制机电装备的操作顺序，完成加工任务。过程控制还包括执行错误诊断、进行安全联锁控制。

（3）管理控制。包括在工厂制造系统的多个工作设备控制，以及工作设备与材料处理环节的协调控制，设备工作程序的选择等；企业级的控制系统完成制造支持活动，如生产计划、资源规划、设备使用率和生产容量监视等。

相对而言，基础控制和程序控制涉及较深的工业技术细节，而管理控制则注重于系统事务管理，以及技术与管理的协调运作。

3）高级自动化功能

除了执行工作循环程序控制，自动化系统还能够为提高产品质量、系统工作能力和设备安全性提供支持。这些高级自动化功能包括：质量检验、安全监测、设备维护、故障诊断与恢复。

（1）质量检验。该功能主要包括抽检和100%质检。100%质检也称为在线质检，能够实现数据记录、分析、处理的自动化，并能与生产系统实现反馈，从而明显提高产品质量水平，降低漏判、误判率，提高检测速度。

（2）安全监测。其主要目标是保护机器及周围设施、人员的安全。常用安全措施有防护栏、紧急制动按钮、报警提示以及传感检测，如用光电开关检测人的位置、用压力传感器检测是否有人操作，用温度、烟雾传感器检测火灾隐患等。

（3）设备维护。该功能有状态监测、失效诊断、维修流程推荐三种模式。状态监测包括为当前失效诊断提供数据和为预测未来失效提供数据两方面功能。

（4）故障诊断与恢复。故障诊断是根据故障检测数据查找故障原因。故障恢复是校正故障，使系统恢复正常。校正策略一般包括：在工作循环中校正、在工作循环结束时调整、停止加工进行校正、停止加工寻求帮助。

这些功能的完成需要基本控制、流程控制和管理控制环节的协调操作来实现。

1.3　计算机过程测控技术

1.3.1　测控系统组成

无论是虚拟仪器还是智能仪器仪表，其系统组成的基本要素都包括传感器、执行器、测控主机和测控对象。计算机系统作为主机实现测控任务时，根据具体需要，可采用图1-3-1所示的计算机测控系统组成方式。

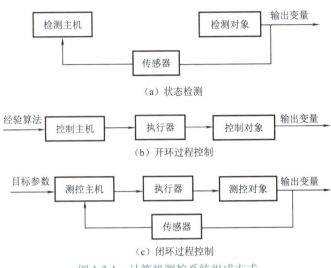

图1-3-1　计算机测控系统组成方式

1.3.2　过程控制的类型

过程控制是指通过程序代码实现设备或工业流程的操作，使其按照预定的规律运动或变化的过程。计算机控制系统可以从多个角度进行分类。

1. 按输出变量的变化规律分类

过程控制系统可分为程序控制系统、定值控制系统和随动控制系统。

（1）程序控制系统，除了机器操作等顺序控制，还包括逻辑控制。

（2）定值控制系统，是指在外界作用下，系统的输出仍能基本保持为常量的系统。也称为自动调节系统。自动调节系统的控制目标是消除外部干扰对控制系统的影响，使系统输出为常量或保持在一定的数值范围。如过程工业中对温度、压力、流量和液位等物理量的定值控制。

（3）随动控制系统，是指在外界的作用下，系统的输出能在广阔范围内按任意规律变化的系统。如在复杂动态环境下工作的飞机自动驾驶仪，需要根据环境的动态变化，对监测目标进行快速、精确的跟随控制。

2. 按输出量是否影响输入参数分类

过程控制系统可分为开环控制系统和闭环控制系统。

（1）开环控制系统，指控制装置按照一定控制方法直接控制被控对象，被控量不对系统的控制作用发生影响。对于变化规律明确的常规对象控制，一般根据经验公式用开环控制系统就可以完成。

（2）闭环控制系统。如果现场的变化是不确定的，就需要利用测试的被控量信息对控制参数进行调整，以提高控制的精确度，这种控制方式称为闭环控制。

图 1-3-2 所示为电加热炉控制系统。炉子是被控对象，炉温是要求实现自动控制的物理量，称为被控制量（输出量）。开环控制时，电阻丝的开关 S 受时间继电器控制，按照预先规定的经验时间接通或断开开关 S，对炉温进行控制，使其保持在希望值的一定范围内，其结构如图 1-3-3 所示。

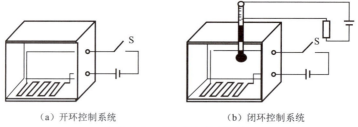

图 1-3-2　电加热炉控制系统

图 1-3-3　电加热炉开环控制系统框图

炉温闭环控制系统通过温度计对炉温进行检测，炉温高于希望值时切断电源，炉温低于希望值下限，开关 S 接通电源加热，其结构如图 1-3-4 所示。

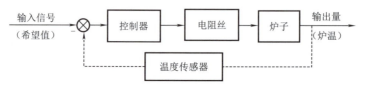

图 1-3-4　电加热炉闭环控制系统框图

闭环控制系统的主要工作步骤：①测量被控制量的实际值；②将实际值与给定值进行比较，求出偏差的大小与方向；③根据偏差的大小与方向进行控制以纠正偏差。简单地讲，闭环控制系统的工作过程就是一个"检测偏差并用以纠正偏差"的过程。因此，闭环控制系统的控制精度一般比开环控制系统的要高。

闭环控制在数控机床和工业机器人中也得到了广泛应用，这时的过程参数主要是位置、速度和加速度等运动参数的测量和控制。

1.3.3　测量过程的不同称谓

在科学和工程项目实施中，为发现物理现象的变化规律，及时了解生产过程的情况，需要对被测控的对象的特征参数进行测量，所以称测量为以确定被测对象的属性和量值为目的的全部操作。在测量技术的发展过程中，由于技术的进步，测量目的的不同，提出了三种不同的专业称谓：计量、检测、测试。

1. 计量

计量是一种建立标准量度的测量过程。计量的主要任务是研究、建立、保存和维护各种计量单位的国家基准和各级标准，组织并实行计量单位的传递，在全国乃至全世界范围内统一计量单位，确保量值的一致和准确。计量还包括检定，即评定计量器具的计量性能并确定其是否合格而进行的测量。日常检定工作如工商管理部门对称量器具进行检定，工业定量包装过程也需要定期标定传感器和测量仪器，以保证测量数据有效性。

2. 检测

检测一般指为确保产品质量满足设计要求对生产流程中某些物理量值和工艺参数进行的监控性测量过程。检测技术包括检测方法和标准的应用、检测系统构建、检测信号处理技术。被检对象常常是需要进行质量控制的实物，检测量是承载着质量信息或故障信息的有效信号，检测强调要对检测信号按照某种标准进行分析并得出关于质量的判断。检测也可以指那些对成品质量实行抽样检查而进行的测量过程，如食品、药品质量的抽检，以及为保护公共安全和环境卫生而对某种参数或行为的监测，如空气质量、水质、地质灾害和交通车辆违规监测。

3. 测试

测试一般泛指生产和科学实验中对产品或系统的整体性能的试验性测量过程。事实上，凡是需要研究某种客观事物和现象时，在希望弄清被研究对象的状态、变化和特性并对其进行一定的定量描述和定性说明时，都离不开测试技术。

传感器与信号

2.1 传 感 器

2.1.1 传感器的定义

传感器作为现代测控系统中不可或缺的一部分,担负着信号转换的任务。是生物仿生学的产物。例如,机器视觉技术的基础是各类图像传感器的发明与使用,它源于人眼生物仿生学。

传感器在国家标准 GB/T 7665—2005《传感器通用术语》中的定义为:"能感受规定的被测量并按照一定的规律转换成可用信号的器件或装置,通常由敏感元件和转换元件组成。其中,敏感元件是指传感器中能直接感受或相应被测的部分;转换元件是指传感器中将敏感元件感受或响应的被测量转换成适于传输或测量的电信号部分。"

2.1.2 传感器的选型原则

现代传感器在原理和结构上千差万别。根据具体的测量目的、测量对象以及测量环境合理地选用传感器,是工业测控系统设计时首先要解决的问题。当传感器确定之后,才能选取与之相匹配的变送电路,信号输入通道,控制系统的接口等。选择传感器的标准主要考虑以下因素:传感器的性能、传感器的可用性、能量消耗、成本、环境条件以及与购置有关的项目等。具体可从以下几个方面考虑:

1. 传感器的性能

精度:精度往往是决定传感器价格的关键因素,精度越高,价格越高。在考虑传感器的精度时以能满足测量要求为原则,选择性价比较高的传感器。

分辨率:是指传感器可感受到的被测量的最小变化的能力。也就是说,如果输入量从某一非零值缓慢地变化。当输入变化值未超过某一数值时,传感器的输出不会发生变化,即传感器对此输入量的变化是分辨不出来的。只有当输入量的变化超过分辨率时,其输出才会发生变化。

灵敏度:是指传感器在稳态工作情况下输出量变化对输入量变化的比值,即输出、输入量的量纲之比。传感器灵敏度是输出-输入特性曲线的斜率。如果传感器的输出和输入之间为线性关系,则灵敏度是一个常数;否则,它将随输入量的变化而变化。当传感器的输出、输入量的量纲相同时,灵敏度可理解为放大倍数。提高灵敏度,可得到较高的测量精度。但灵敏度越高,测量范围越窄,稳定性往往也越差。

稳定性：影响传感器稳定性的主要因素除了制作材料、结构等外，主要是使用环境，因此，应选择环境适应能力强的传感器或者可通过适当措施减小环境影响的传感器。

频率响应特性：频率响应特性决定传感器适用或可保持测量不失真的频率范围。频率响应范围宽，允许被测量的频率变化范围就宽。同时传感器的响应延迟越短越好。开关量传感器的响应时间应短到满足被测量变化的要求；线性传感器根据被测量的特点（稳态、瞬态、随机等）选择。

2. 传感器的使用条件

实际传感器选用过程中，在满足主要性能要求的情况下，安装现场条件及环境条件（温度、湿度、振动等）、被测量对象对传感器的影响等很大程度上也影响传感器的选型；同时根据系统要求不同，选择不同信号输出的种类及传输距离等。常见传感器信号输出类型有：电流型、电压型、数字量型等。

2.1.3 传感器的分类

传感器的种类繁多。一种被测量对象可以用不同原理的传感器来测量；同一原理的传感器又可以测量多种不同类型的被测量对象。

传感器可以按被测量对象、能量种类、工作原理等进行分类：按被测量对象分为位移、压力、速度、力、温度、流量、气体等传感器；按能量种类分为机、电、热、光、声、磁等六种传感器；按工作机理可分为电阻应变式、热电偶、热电阻、气敏、电容式、磁敏、光电式、超声波等传感器。

1. 电阻应变式传感器

电阻应变式传感器是用直径很细的（约 0.025 mm）具有高电阻率的电阻丝排列成栅网状，并粘贴在绝缘的基片上，电阻丝的两端焊接引出导线，线栅上面粘贴覆盖层（保护作用）。电阻应变片结构如图 2-1-1 所示。

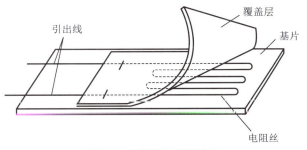

图 2-1-1　电阻应变片结构

电阻应变式传感器已成为目前非电量电测技术中非常重要的检测手段，广泛地应用于工程测量和科学实验中。这主要是由于它具有以下优点：

（1）由于应变片的尺寸小，质量小，因而具有良好的动态特性，而且应变片粘贴在试件上对其工作状态和应力分布基本上没有影响。适用于静态测量和动态测量。

（2）测量应变的灵敏度和精确度高，可测微小的应变，误差小于 1%。

（3）测量范围大，既可测量弹性变形，也可测量塑性变形，变形范围为 1%~2%。

（4）能适应各种环境，可在高（低）温、超低压、高压、水下、强磁场以及辐射和化学但是，电阻应变式传感器也存在一定的缺点，如在大应变状态中具有较明显的非线性，输出信号微弱等。这样，就使电阻应变式传感器在某些高精度、远距离传输场合的应用受到限制。因此在实际应用中，有时需要采取一定的补偿措施以保证测量精度与可靠性。

采用电阻应变式传感器的检测系统主要由弹性敏感元件或试件、电阻应变片和测量转换电路组成。电阻应变式传感器可以测量力、位移、形变、加速度等参数，常应用于称重系统、压力检测系统等。典型测试电路如图2-1-2、图2-1-3所示。

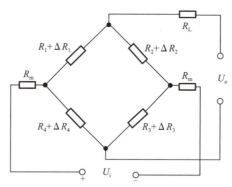

图 2-1-2　经典惠斯通电桥电路示意图

图2-1-2为经典惠斯通电桥电路，电阻应变式传感器测量电路要实现的是将应变片的电阻变化转换成输出电压 U_o。在电桥中，设电桥各臂的电阻分别为 R_1、R_2、R_3、R_4，它们可以全部或部分为应变片，R_L 为电桥的负载，U_i 为电桥电源电压。由基尔霍夫定律可得

$$U_o = \frac{U_i}{4}\left(\frac{\Delta R_1}{R_1} - \frac{\Delta R_2}{R_2} + \frac{\Delta R_3}{R_3} - \frac{\Delta R_4}{R_4}\right) \tag{2-1-1}$$

式（2-1-1）表明：

（1）当 $\Delta R \ll R$ 时，输出电压与应变成线性关系。

（2）若相邻桥臂的应变极性相同（即同为拉应变或同为压应变）时，电桥的输出电压与两应变之差有关；若相邻桥臂的应变极性相反时，输出电压与两应变之和有关。相对桥臂的应变与输出电压的关系和相邻桥臂正好相反。

这就是电桥的和差特性。在实际测量中，常利用上述特点提高测量的灵敏度和进行温度补偿。例如采用半桥或全桥接法，使用2或4个应变片，有选择地安排在受拉区或受压区，以便增大电桥的输出电压，提高测量灵敏度；同时由于应变片处在同一温度场中，也可起到温度补偿的作用。

温度对电阻应变式测量电路精度有一定影响，主要表现在两方面：①敏感栅材料的线膨胀系数与构件材料的线膨胀系数不相等；②温度变化引起应变电阻阻值的变化。当温度的变化对电桥的输出电压的影响超过系统精度要求时，必须设法排除。排除温度效应的措施，称为温度补偿。根据电桥的性质，可用一个应变片作为温度补偿片，将它粘贴在一块与被测构件材料相同但不受力的试件上。将此试件和被测构件放在一起，使它们处于同一温度场中。必须注意，工作片和温度补偿片的电阻值、灵敏系数以及电阻温度系数应相同，分别粘贴在构件上和不受力的试件上，以保证它们因温度变化所引起的应变片电阻值的变化相同。图2-1-3所示为一种带温度补偿的电阻应变式测量电路，其中 R_x 为应变片，R_s 为温度补偿电阻。由电路基本原理可得：

$$R_{\text{TH}} = \frac{R_x R_s}{R_x + R_s}$$

$$U_o = \left(\frac{R_a}{R_{\text{TH}} + R_a}\right)U_b \tag{2-1-2}$$

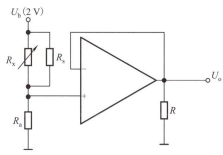

图 2-1-3　温度补偿的电阻应变式测量电路

2. 热电偶传感器

热电偶是利用物理学中的塞贝克（Seebeck）效应制成的温度传感器。当两种不同导体 A 和 B 组成回路时，若两接合点处温度不同（$T \neq T_0$），两者之间产生电动势，因而在闭合回路中产生一定大小的电流。温度测量应用中有多种类型的传感器，热电偶是最常用的一种，广泛用于工业、家庭等测控系统中。

热电偶的优点：

（1）热电偶是将温度变换为电量，方便检测、记录与控制。
（2）价廉且容易买到，测量方法简单且精度高，测量时间也比较短。
（3）测量温度范围较宽，可以根据对灵敏度与寿命的要求选用热电偶种类与线径。
（4）可以测量较小物体的温度以及狭窄场所的温度。
（5）被测物体与计量器之间距离可以较远，途中即使局部发生温度变化，对测量值几乎没有影响。

热电偶的缺点：

（1）能使用热电偶的种类受到测量场所环境的限制。
（2）除需绝缘管和保护管外，还需基准点或基准节点补偿。
（3）精度限定为测量温度或裸线温度的 0.2% 左右。
（4）高温或长期使用时由于环境影响使其性能下降。
（5）易出现测温结点断线故障以及外电路短路事故。

热电偶常以热电极材料种类来命名，例如铂铑-铂热电偶、镍铬-镍硅热电偶等。根据热电偶的工作原理，虽然任意两种导体都可以组成热电偶，但在实用中为了工作可靠和具有足够的灵敏度及精度，并不是所有导体都适合作热电偶的。对热电极材料的要求是：

（1）在测温范围内热电特性稳定，不随时间变化。
（2）组成的热电偶热电势要大，热电势与温度之间为线性或近似为线性关系。
（3）电阻温度系数小，电导率高。
（4）便于制造，有良好的互换性。

常见热电偶的使用特性见表 2-1-1。

表 2-1-1 热电偶的使用特性

金属种类	热电偶名称	直径/mm	等级及允许偏差					
			I		II		III	
			温度范围/℃	允许偏差	温度范围/℃	允许偏差	温度范围/℃	允许偏差
贵金属	铂铑10-铂	0.5	0~1 100	±1 ℃	0~600	±1.5 ℃	0~1 600	±0.5% t
			1 100~1 600		600~1 600	±0.25% t	≤600	±3 ℃
							>600	±0.5% t
	铂铑30-铂铑6	0.5	—	—	600~1 700	±0.25% t	600~800	±4 ℃
							900~1 700	±0.5% t
金属	镍铬-康铜	0.3, 0.5, 0.8, 1.2, 1.6, 2.0, 3.2	-40~+800	±1.5 ℃ 或 ±0.4% t	-40~+900	±2.5 ℃ 或 ±0.75% t	-200~+40	±2.5 ℃ 或 ±1.5% t
	铁-康铜	0.3, 0.5, 0.8, 1.2, 1.6, 2.0, 3.2	-40~+750	±1.5 ℃ 或 ±0.4% t	-40~+750	±2.5 ℃ 或 ±0.75% t	—	—
	铜-康铜	0.2, 0.3, 0.5, 1.0, 1.6	-40~+350	±1.5 ℃ 或 ±0.4% t	-40~+350	±2.5 ℃ 或 ±0.75% t	-200~+40	±1 ℃ 或 ±1.5% t

t 为被测温度。热电偶使用温度与线径有关，线径越粗，使用温度越高

热电偶的结构形式因用途不同而异。普通热电偶由于使用条件基本相似，所以已做成标准形式，如图 2-1-4 所示。它主要由测温接点（热电极）、磁绝缘套管、保护管和接线盒等组成。也有做成细长形可以弯曲的铠装热电偶等形式。在接线盒内往往集成了相应的信号调理电路，可根据用户要求，定制输出调理好的信号的类型和幅值。

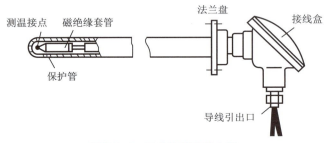

图 2-1-4 工业用普通热电偶

热电偶使用一段时间后，测量端会氧化腐蚀，并在高温下发生再结晶，加上受拉伸、弯曲等机械应力的影响，都可能使热电特性发生变化，产生误差，因而要定期校准。

热电偶的校准是为了确保热电偶的精度，主要任务是核对热电势与温度的关系是否符合规范（标准），还可以对整个热电偶线路（包括导线、附件、仪表等）做系统校正，以消除测量系统中的系统误差，提高系统的测量精度。热电偶的标定是为了确定热电偶的热电势与温度之间的关系，尤其在采用非标准热电偶时，经常要做这一工作。校准和标定，二者的出发点不同，但操作方法完全一样。

热电势与温度关系的获得有两种方法：

（1）定点法。此法是利用极纯的元素具有固定的沸点和凝固点这一特性来校正热电偶。定点法的精度高，但使用不便，适于在计量单位进行，在工厂和实验室多用比较法。

（2）比较法。该方法是将标准热电偶和被校准的热电偶放在同一温度介质中，以标准热电偶的读数为标准来校准被校准的热电偶。

3. 热电阻传感器

热电阻传感器主要用于对温度或和温度有关的参量进行检测。在工业上被广泛用来测量 $-200\sim+500\ ℃$ 范围内的温度。按热电阻性质不同可分为金属热电阻和半导体热电阻两大类。前者通常称为热电阻，后者称为热敏电阻。常见热电阻如图2-1-5所示。

(a) 环氧树脂涂装型NTC热敏电阻　　(b) 玻璃封装NTC热敏电阻

图 2-1-5　常见热电阻

热敏电阻典型测温电路如图2-1-6所示。负温度系数（NTC 热敏电阻）与电阻串联形成分压器，产生线性输出电压。采用差分放大器实现信号偏移，这有助于充分利用 ADC 分辨率，并提高测量精度。

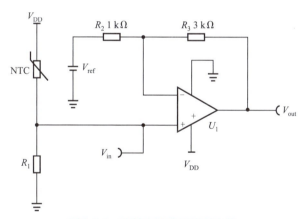

图 2-1-6　热敏电阻典型测温电路

该电路在使用过程中，应注意以下几点：
（1）电阻 R_1 应根据 NTC 数据手册选取。
（2）热敏电阻尽量选择在线性度较好的工作范围。

4. 气敏传感器

随着生产规模不断扩大，被人们利用的气体原料和在生活、工业中排放出的气体种类、数量都日益增多。这些气体中，许多都是易燃、易爆（如氢气、煤矿瓦斯、天然气等）或者有害物（如一氧化碳、PM2.5 等）。它们若泄漏到空气中就会污染环境，影响生态平衡，并可能会产生爆炸、火灾及使人中毒等灾害性事故。

气敏元件就是能感知环境中某种气体及其浓度的器件。气体传感器能将气体种类及其与浓度有关的信号转换成电信号（电流或电压）。根据这些电信号的强弱就可以获得与待测气体在环境中的含量。气体传感器是检测环境气体成分及浓度、检测环境湿度，并对其进行控制和显示的重要器件，在环境保护、家用电器、消防、农业生产和安全生产等方面得到广泛的应用。

气体检测方法很多，其中半导体气敏传感器具有使用方便、费用低廉、性能稳定、灵敏度高、可把气体浓度转换成电量输出等优点，故得到了广泛应用。

半导体气敏传感器可按物理性质和转换形式进行分类。

（1）按物理性质分类。

①表面型：利用半导体材料的表面吸附效应，根据半导体表面电阻变化来检测各种气体的传感器。

②体控型：利用半导体与气体间的相互作用，使半导体内部晶格组成状态发生变化而导致其电导率变化。

（2）按转换形式分类。

①电阻式：气体接触半导体时，使其电阻值发生变化的气敏传感器。

②非电阻式：当气体接触 MOS 场效应管或金属-半导体结型二极管时，前者的阈值电压和后者的整流特性发生变化的气敏传感器。

基于 QM-N5G 型气敏元件的一氧化碳报警应用电路如图 2-1-7 所示。其中，变压器 T 将市电变成 3.5 V 和 15 V 两种低压交流电。其中 3.5 V 电源供气敏元件的加热丝用电，15 V 作测量回路电压。用 3.5 V 交流电作加热电压，元件 RQ 在工作过程中就无须加热清洗了。RP 为报警点设定电位器。当一氧化碳超过某一浓度，在 RP 的中间抽头上产生的信号电压大于晶闸管 VTH 的门极触发电压时，VTH 导通，扬声器立即发出报警声响。

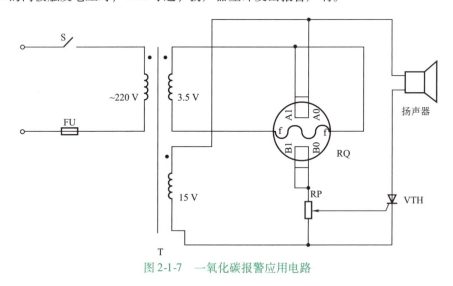

图 2-1-7　一氧化碳报警应用电路

5. 电容式传感器

电容式传感器通过电容传感元件将被测物理量的变化转换为电容量的变化，再经测量转换电路转换为电压、电流或频率。常用于测量位移、声音、物体是否存在等。

电容式传感器与电阻应变式、电感式等类型传感器相比有如下特点：

（1）动态范围大，响应快。这是因为两极板之间静电引力很小，动片质量很小，推动极板需要的能量少。

（2）灵敏度高，频带宽。能测出 0.01 μm 甚至更小的位移，能在数兆赫兹频率下工作。

（3）可以实现非接触测量，无摩擦，不会干扰被测对象的运动状态。

（4）输出阻抗高、功率小。电容传感器的电容量很小，一般只有几皮法至几百皮法，所以输出阻抗很高，输出信号的功率很小。为了降低输出阻抗和增大输出功率，必须采用高频电源和高倍数放大器，从而使测量系统复杂化。

（5）抗干扰能力差。由于传感器电容量很小，电缆的分布电容不容忽视，工作在高频状态下容易产生寄生电容。为此可将电子器件靠近电容式传感器放置并进行屏蔽。

电容式接近开关属于一种具有开关量输出的位置传感器，它的测量头通常是构成电容器的一个极板，而另一个极板是物体的本身，当物体移向接近开关时，物体和接近开关的介电常数发生变化，使得和测量头相连的电路状态也随之发生变化，由此便可控制开关的接通和关断。这种接近开关的检测物体，并不限于金属导体，也可以是绝缘的液体或粉状物体，其工作原理图如图 2-1-8 所示。

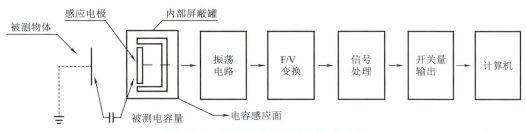

图 2-1-8　电容式接近开关工作原理图

市场上也有专用的电容检测芯片，如水位检测、触摸开关检测等。图 2-1-9 所示为基于电容式水位检测专用 IC（SCW8916）的液位检测电路设计。该 IC 可隔空 2 mm 准确检测到水和其他液体的位置变化。使用时，需要通过测试引脚来校验整体在有水和无水状态下的实际初始值，用以消除整机安装的偏差。

6. 磁敏传感器

磁敏传感器根据原理有不同类型。如利用电磁感应的电流互感器和转速传感器、利用电流磁效应的霍尔元件和磁敏二极管、利用磁作用的舌簧继电器和磁性流体、利用磁光效应的不可逆倒相器、利用磁热效应的热敏继电器和热铁氧体等。

以使用较广泛的霍尔元件为例。霍尔元件一般采用具有 N 型的锗、锑化铟和砷化铟等半导体单晶材料制成。其结构如图 2-1-10 所示。霍尔元件的工作原理：若在 a、b 间有流过半导体的电流 I_L，在垂直方向施加磁场 B，则在 c、d 间感应与磁场 B 成比例的电动势 U_H。

$$U_H = \frac{K_H}{d} I_L B \cos\theta + K_e I_H \qquad (2\text{-}1\text{-}3)$$

式中，K_H 为霍尔系数；d 为元件厚度；θ 为磁场与磁敏元件表面垂直方向的夹角；K_e 为不平衡系数。

$K_e I_H$ 可以忽略，令 $K_S = K_H/d$，则

$$U_H = \frac{K_H}{d} I_L B \cos\theta = K_S I_H B \cos\theta \qquad (2\text{-}1\text{-}4)$$

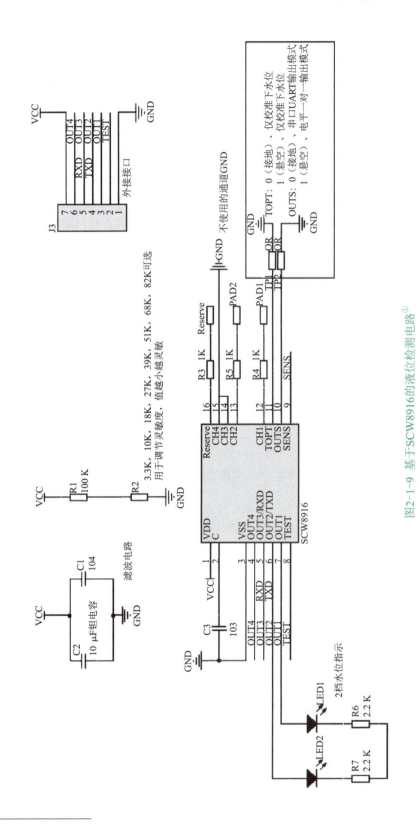

图2-1-9 基于SCW8916的液位检测电路[1]

---

[1] 本书类似图稿为仿真图，部分元件符号与国家标准不一致，其对应关系可参照附录F。其中 uF 为 μF，K 为 kΩ，下同。

（a）霍尔元件结构示意图　　（b）图形符号　　（c）外形

图 2-1-10　霍尔元器件结构示意图

因此常见的霍尔元件驱动方式有：恒压源驱动电路和恒流源驱动电路。当恒压驱动时，如图 2-1-11（a）所示，E_b 施加电源不变，元件的内阻随外部条件变化而变化，则霍尔电流 I_H 随之变化。恒流源驱动时，如图 2-1-11（b）所示，外施电压 E_b 足够大，霍尔元件内阻为 R_{IN}，当 $R_1+R_2 \gg R_{IN}$ 时，不管 R_{IN} 如何变化，霍尔电流 I_H 保持恒定。输出电压将随外部条件变化而变化。

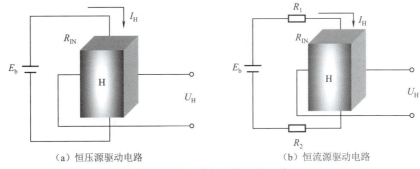

（a）恒压源驱动电路　　　　　　　（b）恒流源驱动电路

图 2-1-11　霍尔元件驱动电路

简易霍尔元件测速电路如图 2-1-12 所示。在旋转器件上安装磁钢，当磁钢接近霍尔元件时，霍尔元件外围磁场发生变化，输出电压也响应发生改变。电压经后续整形电路，输出与频率和速度成正比的方波信号。

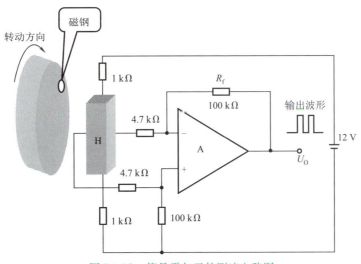

图 2-1-12　简易霍尔元件测速电路图

7. 光电式传感器

光电传感器是使用非常广泛的一种传感器。主要用来接收编码信息、计数或测速（生产线或移动物体）、自动控制（如路灯、闪光灯）等。根据用途不同选用的光电传感器类型也不同。光电传感器检测的对象有可见光、不可见光。光电传感器主要有光敏二极管、光敏三极管、光敏电阻、集成光电传感器、太阳电池、图像传感器等。

光电传感器的选用原则：高速的光检测、宽范围照度、超高速的激光宜选用光敏二极管；几千赫兹的脉冲光、低速脉冲光宜选用光敏三极管；响应速度慢、随光的强弱成比例改变（如路灯控制）的宜选用 CdS 或 PbS 光敏电阻；旋转编码器、速度传感器、超高速的激光宜选用集成光电传感器。

典型光电传感器应用如图 2-1-13 所示，为采用光电传感器实现小车循迹控制。该应用主要利用红外线漫反射原理，根据不同颜色物体反射光强大小不同，判断传感器所处位置。可通过多个传感器同时工作，判断小车位置。

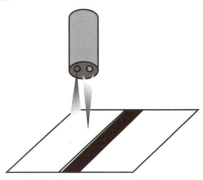

图 2-1-13　红外线循迹原理

采用光电传感器实现位置速度检测的典型应用为光电编码盘，如图 2-1-14 所示。如图 2-1-14（a）所示，采用 N（图中 $N=4$，N 位数越多，精度越高，成本也越高）对光电传感器、编码盘实现旋转速度与位置检测。该类光电编码盘常用于伺服电机等旋转类闭环控制系统中。

红外传感器是光电传感器一大分支，种类很多。一般分为热电型和量子型。热电型主要利用热电效应，灵敏度较低、响应速度较慢；量子型主要利用光生伏特效应和光电效应，特点是灵敏度较高、响应速度快，但灵敏度与波长有关。红外传感器主要用于物体有无测量，位置、方向测量，厚度、浓度测量，光通信与光隔离等。

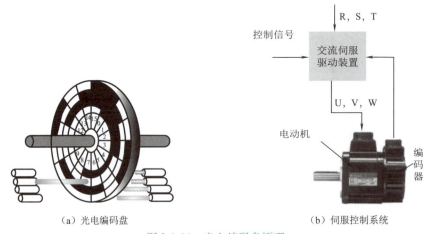

（a）光电编码盘　　　　　　　　（b）伺服控制系统

图 2-1-14　光电编码盘原理

现在的遥控器大都使用红外 LED 和 PIN 光敏二极管组合，而人体移动报警装置多使用热电传感器来实现。

红外传感器对射电路如图 2-1-15 所示，图 2-1-15(a) 采用红外对射管形式，实现红外发送接收，可实现传播路径中障碍物检测，也可实现光强检测等；图 2-1-15(b) 采用 38 kHz 调制发送红外线，可有效去除环境光影响，提高检测精度。

（a）红外发送接收　　　　　　　　　　　（b）38 kHz调试发送接收

图 2-1-15　红外线发送接收电路

8. 超声波传感器

人们可以听到的声音频率为 20 Hz～20 kHz。低于 20 Hz 称为低频声波，20 kHz 以上称为超声波。超声波为直线传播方式，频率越高，绕射能力越弱，但反射能力越强，利用超声波的反射能力强的特点，可以制作超声波传感器。超声波在空气中的传播速度为 340 m/s。可用来测量距离，或者测量物体厚度（探头发射的超声波脉冲到达被测物体并在物体中传播，到达材料分界面时被反射回探头，通过精确测量超声波在材料中传播的时间来确定被测材料的厚度。）

超声波传感器有发送器和接收器，但一个超声波传感器也可具有发送和接收声波的双重作用，即为可逆元件。市场上的超声波传感器分专用型和兼用型两种：专用型的发送器用作发送超声波，接收器用作接收超声波；兼用型是发送器和接收器为一体的传感器。超声波传感器的谐振频率有 23 kHz、40 kHz、75 kHz、200 kHz、400 kHz 等。谐振频率越高，检测距离越短，但分辨率越高。

超声波传感器是利用压电效应的原理，压电效应有逆效应和顺效应。所谓压电逆效应就是在压电元件施加电压，元件就变形。若在发送器的双晶振子（谐振频率为 40 kHz）上施加 40 kHz 的高频电压，压电陶瓷片就根据所加高频电压极性伸长与缩短，发出 40 kHz 频率的超声波。超声波常用应用如图 2-1-16 所示。超声波传感器应用和光电传感器相似，同样采用对射式或反射式，根据发送与接收时间差，可计算距离等参数。但超声波传播介质不同，其传播速度也会不同，在实际使用中要考虑介质的影响。

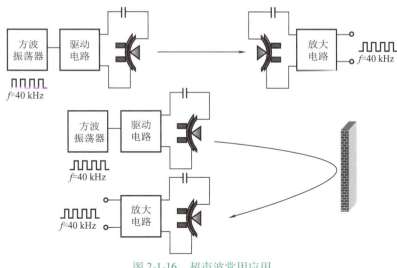

图 2-1-16　超声波常用应用

2.2 信 号

信息是指客观世界物质运动的内容。例如，天气较冷，某处地震，刀具发生了磨损，李四病了，等等。而信号则是指信息的表现形式。例如，刀具磨损，切削力会加大；李四病了，可能会发烧；等等。信号分析技术是现代测试技术的重要组成部分，也是分析研究测控系统的依据。

2.2.1 信号的分类与描述

1. 信号的分类

一般信号都是随时间变化的时间函数，因此，可以根据信号随时间变化的规律将信号分为确定性信号和随机信号。

1）确定性信号

确定性信号是指可以用精确的数学关系式来表达的信号。给定一个时间值就可以得到一个确定的相应函数值。确定性信号根据它的波形是否有规律地重复可分为周期性信号和非周期性信号。

周期性信号是按一定周期 T 重复的信号。简谐信号是最简单的周期信号，任何周期信号都可以看作简谐信号的合成。

非周期信号没有重复周期。非周期信号包括瞬态信号和准周期信号两类。

准周期信号是由有限个简谐信号合成的一种非周期信号。设信号 $x(t)$ 由两个简谐信号合成，即

$$x(t) = A\sin 2t + B\sin(\sqrt{5}t + \theta) \qquad (2\text{-}2\text{-}1)$$

两个简谐信号的角频率分别为 2 和 $\sqrt{5}$，它们的周期分别为 π 和 $\dfrac{2\pi}{\sqrt{5}}$。由于两个周期没有最小公倍数，或者说由于两个角频率的比值为无理数，它们之间没有一个共同的基本周期，所以信号 $x(t)$ 是非周期的，但它又是由简谐信号合成的，故称为准周期信号。

确定性信号也可以按照它的取值情况分为连续信号和离散信号。连续信号是指在某一时间间隔内，信号的幅值可以取连续范围内的任意数值。这样的连续时间函数所表示的信号就是连续信号。常见的信号大都属于这一类，如图 2-2-1 所示。离散信号的离散性可以表现在时间或幅值上，例如每天测量 1 次室温，则测量记录的温度信号就是离散信号，而经过测试系统量化后在时间和幅值上都是离散的信号，称为数字信号。

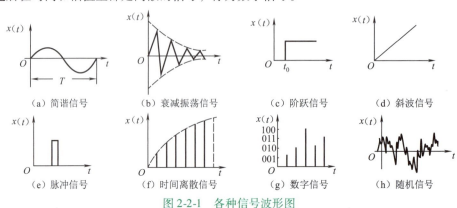

图 2-2-1 各种信号波形图

2）随机信号

不能用精确的数学关系式来表达，也无法确切地预测未来任何瞬间的精确值的信号，称为随机信号。对于随机信号虽然也可以建立某些数学模型进行分析和预测，但只能是在概率统计意义上的近似描述，这种数学模型称为统计模型。

确定性信号和随机信号之间并不是截然分开的，通常确定性信号也包含着一定的随机成分，而在一定的时间内，随机信号也会以某种确定的方式表现出来。判断一个信号是确定性的还是随机的，通常是以通过实验能否重复产生该信号为依据。如果一个实验重复多次，得到的信号相同（在实验误差范围内），则可认为是确定性信号，否则为随机信号。

2. 信号的描述

任何一个信号都可以用时域和频域进行描述。表征信号的幅值随时间的变化规律称为信号的时域描述，而频域描述是研究信号的频率结构，即组成信号的各频率分量的幅值及相位的信息，例如周期性方波可以看成由一系列频率不同的正弦波叠加而成。

从时域图形中可以知道信号的周期、峰值和平均值等，可以反映信号变化的快慢和波动情况。用时域描述比较直观、形象，便于观察和记录。在频域描述的图形——频谱图中可以研究其频率结构。例如，对振动信号进行频谱分析，可以从频谱图中看出该振动是由哪些不同的频率分量组成的，各频率分量所占的比例，以及哪些频率分量是主要的，从而找出振动源，以便排除或减小有害振动。

时域分析和频域分析是分析信号的两个方面，二者之间有着密切的关系并互为补充。例如信号重复周期的倒数就是基波频率，即 $\dfrac{1}{T} = f_0$。时域中脉冲信号的上升时间和脉宽决定了频域中组成脉冲信号的高频分量的多少。所以，时域描述和频域描述是一个信号在不同域中的两种表示方法。

2.2.2 信号频谱的概念

利用傅里叶级数能确切地表达信号分解的结果，但不直观。为了既简单又明确地表示一个信号中包含了哪些频率分量及各分量占的比例大小，通常用频谱图来表示。

以频率为横坐标，幅值 A 或相角 φ 为纵坐标所作的图称为频谱图。图 2-2-2（a）为周期性方波信号的频谱图。图中的线段称为谱线，每条谱线代表一个谐波分量。由于方波的偶次谐波幅值为零，所以图中只有奇次谐波，周期信号为离散谱。图 2-2-2（b）为矩形脉冲信号的频谱图，它是频率的连续函数，故频谱为连续谱。

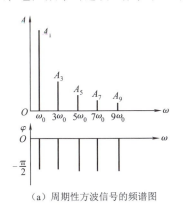

（a）周期性方波信号的频谱图　　　（b）矩形脉冲信号的频谱图

图 2-2-2　信号频谱图

测控主机及通道

3.1 测控主机

3.1.1 可编程控制器（PLC）

随着离散工业大量继电器——接触器开关控制系统的发展，PLC（programmable logic controller）从 1969 年开始进入工业领域，起初 PLC 只是用作离散程序控制，现在已广泛应用于连续控制。PLC 抗干扰能力强、可靠性高，主要原因如下：

（1）输入和输出均采用光电隔离方式，提高了抗干扰能力。
（2）主机的输入和输出电源均可相互独立，减少了电源间相互干扰。
（3）采用循环扫描工作方式，提高了抗干扰能力。
（4）内部采用"监视器"电路，以保证 CPU 可靠工作。
（5）用密封防尘抗震的外壳封装，可适应恶劣环境。

PLC 采用模块化组合式结构，使得系统构成十分灵活，易于维修，易于实现分散式控制。编程语言是面向工程人员的梯形图、流程图、语句表方式，直观、简单、易学易记，便于普及，可进行在线修改，柔性好。目前 PLC 作为过程控制的主机，已广泛应用于钢铁、采矿、水泥、石油、化工、电力、机械制造、造纸、纺织、环保等各行各业。

3.1.2 触摸屏

随着工业自动化水平的迅速提高，PLC 在工业领域的广泛应用，与之相应的人机交互系统应运而生，并得到同步发展。液晶显示工业触摸屏是一种典型的人机界面产品，与鼠标键盘相比，触摸屏易于使用、操作，故障率低。触摸屏作为 PLC 监控器，为过程控制系统提供了在线修改参数、数据记录保持、回路面板显示、手动操作控制等系统监控功能。因为触摸屏可靠性高、适应性强，从一出现就受到关注，它内置的组态软件简单易用，强大的功能及优异的稳定性使它非常适合用于工业环境。目前 PLC+触摸屏已成为工业过程控制系统最典型的系统配置。

3.1.3 嵌入式测控仪器

嵌入式系统采用超大规模集成电路技术，将微处理器（CPU）、存储器（含程序存储器 ROM 和数据存储器 RAM）、输入/输出接口电路（I/O 接口）集成在同一块芯片上，构成一个小巧而完备的微型计算机系统。嵌入式系统按用途可分为通用型和专用型两大类。通用型可开发的内部资源 RAM、ROM、I/O 等功能部件，全部提供给用户，可以根据需要很方便地设计一个以通用单片机芯片为核心的测控系统。专门针对特定用途而制作的嵌入式主机，针对性强且数量巨大，对系统结构的最简化、可靠性和成本的最佳化等方面都做了全面的考虑。

嵌入式系统体积小、功耗低、价格低廉、可裁剪性强，除了在计算机网络通信领域及家用电器领域，及各种分析仪、监护仪、超声诊断设备等医用设备领域的广泛应用之外，作为智能仪器仪表也大量应用于工业控制系统中，如单片机用于测量电压、功率、频率、湿度、温度等量的仪器中，DSP应用于运动控制和图像处理领域，高性能的ARM系统应用于数控及电力控制系统、数据采集系统及各种报警显示系统，并能与计算机联网构成二级控制系统。

3.1.4 工业PC

工业PC又称工控机（IPC）。自20世纪90年代初，进入工业自动化以来，IPC得到了广泛应用，由起初的PLC监控器的角色快速成为过程控制、制造自动化及楼宇自动化领域的主控计算机。IPC的优势主要表现在：PC具有很强的开放性，丰富的软硬件资源和人力资源，易与其他信息技术集成，并且性价比高，于是在PC的基础上，诞生了可用于恶劣工业测控环境的IPC。

工控机在工业自动化系统中的应用方式：

（1）直接板卡与现场I/O连接，用作直接数字控制器（DDC）或虚拟仪器；
（2）基于PLC或嵌入式仪器的测控系统中作为上位监控器；
（3）组成全PC化的分布式控制系统，除了连续控制，还能实现软逻辑控制。

无论是IPC、单片机还是PLC，其核心结构实际上都是微型计算机，其硬件系统组成都符合计算机系统结构的概念，都具有微机最基本的系统结构。在通用计算机的基础上，IPC强化了适应现场恶劣环境下的模拟量测控能力；单片机针对简单应用进行微缩，具有"麻雀虽小、五脏俱全"的特点；PLC突出了适用于生产线控制的大批量、大功率的开关量的处理能力。与计算机系统相同，在硬件系统基础上，搭配系统软件和应用软件，主控制器才能正常工作。

3.2 模拟输入通道

模拟输入通道是测控系统中被测对象与测控主机之间的联系通道，因为测控主机只能接收数字信号，而被测对象常常是一些非电量，因此，一般说来，模拟输入通道应由传感器、信号调理电路、数据采集电路三部分组成，如图3-2-1所示。

图3-2-1 模拟输入通道的基本组成

传感器：将被测非电量转换成模拟电信号。
信号调理电路：对模拟信号进行放大、滤波等调理。
数据采集电路：把模拟信号转换成数字信号。

实际工业测控系统中，往往需要同时测量多种物理量（多参数测量）或同一物理量的多个测量点（多点巡回测量）。因此多路模拟输入通道更具普遍性。按照系统中数据采集电路是各路共用一个还是每路各用一个，多路模拟输入通道可分为集中采集式（简称集中式）和分散采集式（简称分布式）两大类型。

3.2.1 信号调理电路

在一般测量系统中，信号调理电路的任务较复杂，除了小信号放大、滤波外，还有诸如零点矫正、线性化处理、温度补偿、误差修正和量程切换等。典型调理电路的组成如图 3-2-2 所示，主要包括前置放大电路与滤波电路两大模块。

图 3-2-2　典型调理电路的组成

1. 前置放大电路

非理想电路中，噪声不可避免。放大电路噪声一般分为输出噪声和输入噪声。输出噪声指电路在没有信号输入时，输出端输出一定幅度的波动电压。把电路输出端测得的噪声有效值折算到该电路的输入端即除以该电路的增益，得到的电平值称为该电路的等效输入噪声。

如果加在某电路输入端的信号幅度小到比该电路的等效输入噪声还要低，那么这个信号就会被电路的噪声所"淹没"。为了不使小信号被电路噪声所淹没，就必须在该电路前面加一级放大器（前置放大器）。

前置放大器参数的选择：

（1）选用低噪声运放：必须保证放大器本身的等效输入噪声比其后级电路的等效输入噪声低。

（2）放大器增益：在保证不使 A/D 转换器发生溢出的前提下，前置放大器增益越大越好。

2. 滤波电路

模拟量输入信号中，常常混杂有干扰信号，应该通过滤波尽可能消除输入信号中的噪声。滤波方法有软件滤波和硬件滤波之分。常用的硬件滤波电路有无源滤波和有源滤波两大类。若滤波电路元件仅由无源元件（电阻、电容、电感）组成，则称为无源滤波电路。无源滤波的主要形式有电容滤波、电感滤波和复式滤波。若滤波电路不仅由无源元件，还由有源元件（双极型管、单极型管、集成运放）组成，则称为有源滤波电路。

无源滤波电路结构简单，易于设计，但其通带放大倍数及其截止频率都随负载而变化，因而不适用于信号处理要求高的场合。无源滤波电路通常用在功率电路中，如直流电源整流后的滤波或大电流负载时采用的 LC（电感、电容）电路滤波。

有源滤波电路的负载不影响滤波特性，因此常用于信号处理要求高的场合。有源滤波电路一般由 RC 网络和集成运放组成，因此必须在合适的直流电源供电的情况下才能使用，同时还可以进行放大。但电路的组成和设计也较复杂。有源滤波电路适用于信号处理。

根据滤波器的特点可知，它的电压放大倍数的幅频特性可以准确地描述该电路属于低通、高通、带通还是带阻滤波器。高通滤波器可滤除低频干扰，其截止频率应高于需要滤除的干扰频率。低通滤波器可滤除高频干扰，防止高频分量被采样而折叠到信号频段产生混淆。

3.2.2 采集电路选择

集中式采集电路的组成方案如图 3-2-3 所示,在实际设计过程中,一般按被测信号是否随时间变化,被测信号是否随输入通道变化选择适用的方案,见表 3-2-1。

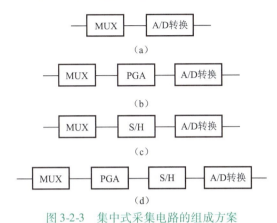

图 3-2-3　集中式采集电路的组成方案

表 3-2-1　集中式采集电路方案的选择

被测信号是否随时间变化	被测信号是否随输入通道变化	适用的集中式采集电路方案
否	否	图 3-2-3（a）
否	是	图 3-2-3（b）
是	否	图 3-2-3（c）
是	是	图 3-2-3（d）

图 3-2-3 所示的集中式采集电路可以由多路开关（MUX）、采样保持器（S/H）、程控放大器（PGA）和模/数（A/D）转换等电路模块组装而成,也可以采用现成的集成电路。现在市面上的 A/D 模块绝大多数已集成多路开关（MUX）、采样保持器（S/H）。

3.2.3　A/D 转换器的选择

A/D 转换器是数据采集电路的核心部件,正确选用 A/D 转换器是提高数据采集电路性价比的关键。A/D 转换器的选用主要从以下几方面考虑:

1. A/D 转换位数 m 的确定

A/D 转换位数不仅决定采集电路所能转换的模拟电压动态范围,也很大程度上影响了采集电路的转换精度。因此,应根据对采集电路转换范围［式（3-2-1）］与转换精度要求［式（3-2-2）］选择 A/D 转换位数,位数 m 取两者中较大值。

$$\frac{V_{\text{I,max}}}{V_{\text{I,min}}} \leqslant 2^m \tag{3-2-1}$$

$$\frac{1}{2^{m+1}} \leqslant \delta \tag{3-2-2}$$

式中, $V_{\text{I,max}}$ 为最大输入电压; $V_{\text{I,min}}$ 为最小输入电压; δ 为系统精度指标; m 为 A/D 转换位数。

2. A/D 转换速度的确定

A/D 转换器从启动转换到转换结束输出一稳定的数字量,需要一定的时间,这就是 A/D 的转换时间。用不同原理实现的 A/D 转换器的转换时间是大不相同的。总的来说,积分型、电荷平衡型 A/D 转换器转换速度较慢,转换时间从几十微秒到几毫秒不等,属低速 A/D 转换器,一般适用于对温度、压力、流量等缓变参量的检测和控制;逐次比较型 A/D 转换器的转换时间可从几微秒到 100 μs,属中速 A/D 转换器,常用于工业多通道单片机检测系统和声频数字转换系统等;转换时间最短的高速 A/D 转换器是用双极型或 CMOS 式工艺制成的全并行型、串并行型和电压转移函数型的 A/D 转换器,转换时间仅 20~100 ns,高速 A/D 转换器适用于雷达、数字通信、实时光谱分析、实时瞬态记录、视频数字转换系统。

A/D 转换器不仅从启动转换到转换结束需要一段时间(即转换时间,记为 t_c),而且从转换结束到下一次再启动转换也需要一段休止时间(或称复位时间、恢复时间、准备时间等,记为 t_0),这段时间除了使 A/D 转换器内部电路复原到转换前的状态外,最主要的是等待 CPU 读取 A/D 转换结果和再次发出启动转换的指令。对于一般微处理机而言,通常需要几毫秒到几十毫秒时间才能完成 A/D 转换器转换以外的工作,如读数据、再启动、存数据、循环记数等。因此,A/D 转换器的转换速率 r_c(单位时间内所能完成的转换次数)应由转换时间 t_c 和休止时间 t_0 二者共同决定,即

$$r_c = \frac{1}{t_0 + t_c} \tag{3-2-3}$$

对于集中采集式测试系统,N 为模拟输入通道,则采样时间 $T_{A/D}$ 为

$$T_{A/D} = t_0 + t_c = \frac{T_S}{N} \tag{3-2-4}$$

由式(3-2-4)可见,对高频(或高速)测试系统,可采取以下措施提高采样频率:
(1)减少通道数 N,最好采用分散采集方式,即 $N=1$。
(2)选用转换时间(t_c)短的 A/D 转换器芯片。
(3)将由 CPU 读取数据改为直接存储器存取(DMA)技术,以大大缩短休止时间(t_0)。

3. 根据环境条件选择 A/D

根据 A/D 使用环境,如使用温度、功耗、可靠性等,选择合适的类型的 A/D 芯片,如工业型、民用型、军工型芯片。

4. 选择 A/D 的接口类型

根据计算机接口特征选择 A/D 转换器的接口类型,常见有并口、串口两种形式。

3.2.4 模拟输入通道的误差分配与综合

模拟输入通道设计一般首先给定精度要求、工作温度、通道数量和信号特征等条件,然后根据条件,初步确定通道的结构方案和选择元器件,确定误差分配方案,完成元器件选型。

1. 误差分配

在确定系统的结构方案之后,应根据系统的总精度要求,给各个环节分配误差,以便选择元器件。通常传感器和信号放大电路所占的误差比例最大,其他各环节如采样/保持器和

A/D转换器等误差，可以按选择元件精度的一般规则和具体情况而定。

选择元件精度的一般规则是：每一个元件的精度指标应该优于系统规定的某一最严格的性能指标的 10^{-1}。

2. 误差综合

初步选定各个元件之后，还要根据各个元件的技术特性和元件之间的相互关系核算实际误差，并且按绝对值和的形式或方均根形式综合各类误差，检查总误差是否满足给定的指标。如果不合格，应该分析误差，重新选择元件及进行误差的分析综合，直至达到要求。

3.3 模拟输出通道

工业测控系统的信号输出通道有数字信号输出通道和模拟信号输出通道两种。数字信号输出通道又可分为：测试结果的数字显示（LED、LCD、CRT）、测试结果的数字记录（数字磁记录或光记录、打印纸记录等）和测试结果的数据传输等三种形式。模拟信号输出通道是将测试数据转换成模拟信号，并经过必要的信号调理后送到模拟显示器或模拟记录装置，形成测试信号的模拟显示或模拟记录。模拟输出通道的输出模拟信号主要用于对连续变量的执行机构进行控制。

3.3.1 模拟输出通道的基本结构

模拟输出通道主要由输出数据寄存器、D/A 转换器和调理电路三部分组成。模拟信号输出通道的基本结构按信号输出路数来分有单通道输出和多通道输出两大类，单通道输出结构如图 3-3-1 所示。

图 3-3-1　单通道输出结构

多通道的输出结构则是在单通道输出结构的基础上演变而成的，主要有以下三种。

（1）数据保持分时转换结构。这种结构如图 3-3-2 所示。它的特点是每个通道配置一个输入寄存器和一个 D/A 转换器，主机处理后的数据通过数据总线分时地选通至各通道寄存器，再经过 D/A 转换后，由调理电路送至执行机构。由于各通道输出的模拟信号存在时间偏斜，因此不适合于要求多参量同步控制执行机构的系统。

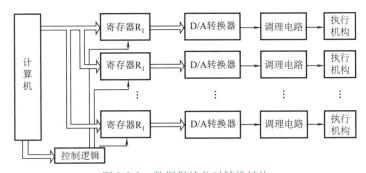

图 3-3-2　数据保持分时转换结构

（2）数据保持同步转换结构。数据保持同步转换结构如图3-3-3所示。该结构每个通道配置两个寄存器 R_1、R_2 和一个 D/A 转换器，主机将数据分时选通至第 1 路寄存器 R_1，然后同时将各路数据从 R_1 传送到 R_2，各路 D/A 同时对数据进行数/模转换，再经调理电路同时输出至执行机构。该结构各通道输出的模拟信号不存在时间偏斜，因此适合于要求多参量同步控制执行机构的系统。

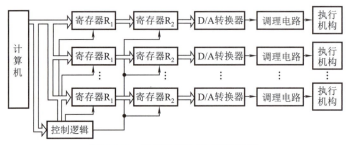

图 3-3-3　数据保持同步转换结构

（3）模拟保持分时转换结构。该结构如图3-3-4所示。这种结构各个通道共用一个寄存器和一个 D/A 转换器。主机处理后的数据通过数据总线按通道顺序分时送至数据寄存器，并通过 D/A 转换，产生相应的模拟通道输出值。主机通过选择不同的通道进行数据输出，同时其他通道实现数据保持。在两次输出操作期间，模拟量输出通道必须保持上一次的输出。输出保持的方式可分为数字保持和模拟保持两种，决定了模拟量输出通道的两种基本结构形式。如图3-3-4所示。

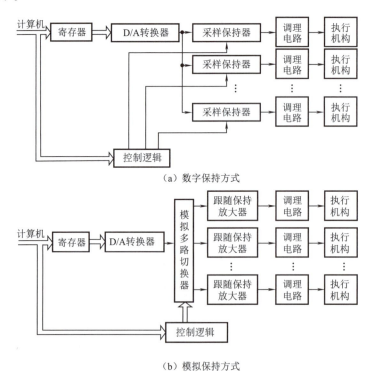

（a）数字保持方式

（b）模拟保持方式

图 3-3-4　模拟量输出通道的两种基本结构形式

上述几种方案的选择，需综合考虑系统性能要求与成本两大因素。

3.3.2 D/A 转换器

D/A 转换器是模拟信号输出通道必不可少的环节。

1.D/A 转换位数

模拟信号输出通道中所选用的 D/A 转换器的转换位数取决于输出模拟信号所需要的动态范围。若要求输出通道不失真地再现模拟输入信号，则一般取 D/A 的转换位数等于 A/D 的转换位数。若要求输出通道形成动态范围在 20 dB 左右的监视波形，D/A 的转换位数一般选 5~7。

2. 主要结构特性和应用特性

（1）数字输入特性：接收数码的码制、数据格式以及逻辑电平。目前，常用 D/A 芯片一般接收自然二进制数字代码。因此，当输入数字代码为偏移二进制码或 2 的补码等双极性数码时，应外接适当的偏置电路后才能实现双极性 D/A 转换。

不同的 D/A 芯片输入逻辑电平要求可能不同。对于固定阈值电平的 D/A 转换器一般只能和 TTL 或低压 CMOS 电路相连，而有些逻辑电平可以改变的 D/A 转换器可以满足与等各种器件直接连接的要求。不过应当注意，这些器件往往为此设置了逻辑电平控制或者阈值电平控制端，用户要按数据手册规定，通过外电路给这一端以合适的电平才能工作。

（2）模拟输出特性。目前多数 D/A 转换器件均属电流输出器件。数据手册上通常给出在规定的输入参考电压及电阻之下的满码输出电流。另外，还会给出最大输出短路电流及输出电压的允许范围。

（3）锁存特性及转换控制。D/A 锁存特性及转换控制直接影响与 CPU 的接口设计。在设计前需参考数据手册，按芯片是否带锁存功能，选择设计相应的接口。

（4）参考源。D/A 芯片参考电压源是唯一影响输出结果的模拟量。它与 A/D 的参考源一样，需选用低漂移精密参考电源。选用内部自带参考电压源的 D/A 转换器可简化设计。

3.4 开关量输入/输出通道

工业测控系统中常应用各种按键、继电器和无触点开关（三极管、晶闸管等）来处理大量的开关量信号，这种信号只有开和关，或者高电平和低电平两个状态，相当于二进制数码的 1 和 0，处理较为方便。测控系统通过开关量输入通道引入系统的开关量信息（包括脉冲信号），进行必要的处理和操作。同时，通过开关量输出通道发出两个状态的驱动信号，去接通发光二极管、控制继电器或无触点开关的通断动作，以实现越限声光报警及大电压、大电流控制等。开关量输入/输出通道设计关键在于电压匹配、隔离保护、阻抗匹配。其主要设计指标为抗干扰能力和可靠性。

3.4.1 开关量输入通道

开关量输入通道结构如图 3-4-1 所示，主要由输入调理电路、输入缓冲电路、地址译码电路等组成。

开关量输入通道的基本功能就是接收外部装置或生产过程的状态信号。这些状态信号的形式可能是电压、电流和开关的触点，常伴随瞬时高压、过电压、接触抖动等现象。为了将外部开关量信号输入计算机，必须将现场输入的状态信号经转换、保护、滤波、隔离措施转换成计算机能够接收的逻辑信号，这些功能称为信号调理。

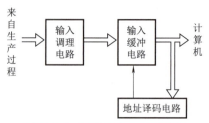

图 3-4-1 开关量输入通道结构

根据开关信号功率大小，调理电路可分为小功率输入调理电路和大功率输入调理电路。

（1）小功率输入调理电路常用于按键等开关信号调理，主要清除由于接点的机械抖动产生的振荡信号。采用积分电路、RS 触发器消除机械抖动的应用示例如图 3-4-2 所示。对可靠性要求较高的场合还可使用专用芯片。

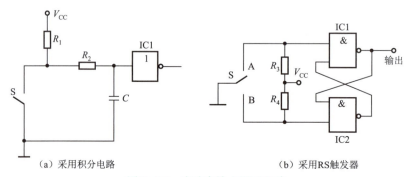

图 3-4-2 小功率输入调理电路

（2）大功率输入调理电路主要针对外界输入信号电压或电流大于主控模块所能承受的最大电压电流，常用光电耦合器进行隔离，如图 3-4-3 所示。采用光耦隔离可在去除外界干扰的同时保护主电路模块安全，在不同模块间开关信号传递过程中最为常用。

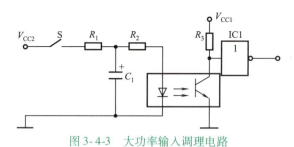

图 3-4-3 大功率输入调理电路

3.4.2 开关量输出通道

在测控系统中，对被控设备的驱动常采用模拟量输出驱动和开关量输出驱动两种方式，其中模拟量输出是指其输出信号（电压、电流）可变，根据控制算法，使设备在零到满负荷之间运行，在一定的时间内输出所需的能量；开关量输出则是通过控制设备处于"开"或"关"状态的时间来达到运行控制目的。

传统的控制方法常采用模拟量输出的方法，由于其输出受模拟器件的漂移等影响，很难达到较高的控制精度。随着电子技术的迅速发展，特别是计算机进入测控领域后，开关量输出控制已越来越广泛地被应用；由于采用数字电路和计算机技术，对时间控制可以达到很高精度。因此，在许多场合开关量输出控制精度比一般的模拟量输出控制高，而且利用开关量输出控制往往无须改动硬件，而只需改变程序就可用于不同的控制场合，如在 DDC 控制系统中、利用微型机代替模拟调节器，实现多路 PID 调节只需在软件中每一路使用不同的参数运算输出即可。

由于开关输出控制的上述特点，目前，除某些特殊场合外，这种控制方式已逐渐取代了传统的模拟量输出的控制方式。

开关量输出通道结构如图 3-4-4 所示。主要由输出锁存器、输出驱动器、地址译码器等组成。其中输出驱动器必须能提供足够的驱动功率才能驱动相应的执行机构。

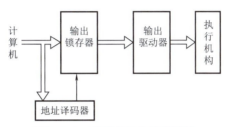

图 3-4-4　开关量输出通道结构

微机的工业测控系统中常见的输出驱动电路包括直流负载驱动电路、交流负载驱动电路。直流负载驱动电路如图 3-4-5 所示。驱动电路设计时，根据负载功率不同选择不同的驱动器件，可以是图 3-4-5（a）中的功率三极管、图 3-4-5（b）中的达林顿三极管，也可以是 MOS 管、IGBT 等。其中 IGBT 一般可按数据手册，采用专业驱动电路模块。

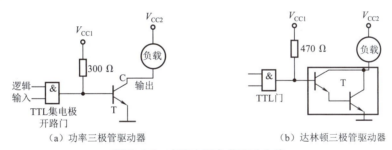

（a）功率三极管驱动器　　　　　　　　　（b）达林顿三极管驱动器

图 3-4-5　直流电源负载驱动电路

针对交流电压控制，可采用晶闸管交流负载驱动电路，如图 3-4-6 所示。相对逆变控制电路，晶闸管交流负载驱动电路具有结构简单、成本低等特点。

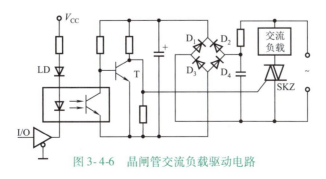

图 3-4-6　晶闸管交流负载驱动电路

开关量输出电路常常控制着动力设备的启停。如果设备的启停负荷不太大，而且启停操作的响应速度要求也不高，则适合采用干簧型继电器隔离的开关量输出电路。典型干簧型继电器驱动电路如图 3-4-7 所示。继电器线圈是电感性负载。当电路断开时，会出现电感性浪涌电压。所以在继电器两端要并联一个续流二极管以保护驱动器不被浪涌电压损坏。

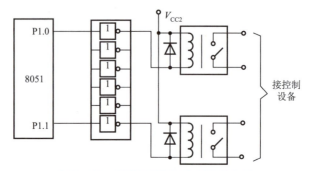

图 3-4-7　典型干簧型继电器驱动电路

相对于上述干簧型继电器，固态继电器是一种无触点开关器件，具有响应速度快、驱动电流要求低、突出电打火等优点。根据其输出端电压特性，可分为交流固态继电器（AC-SSR）和直流固态继电器（DC-SSR）。典型应用电路如图 3-4-8 所示。

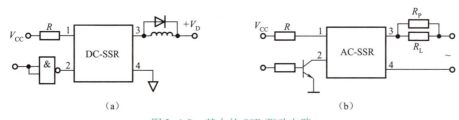

图 3-4-8　基本的 SSR 驱动电路

3.5　电气性能匹配

组成测控系统的各单元电路选定以后，就要把它们相互连接起来。为了保证各单元电路连接起来后仍能正常工作，并彼此配合地实现预期功能，就必须认真、仔细地考虑各单元电路间的级联问题，其中电气特性的相互匹配最为关键，主要分为以下三方面。

（1）阻抗匹配。测量信息的传输是靠能量流进行的。因此，设计测控系统时的一条重要原则是要保证信息能量流最有效的传递。这个原则是由四端网络理论推导出的，是信息传输通道中两个环节之间的输入阻抗与输出阻抗相匹配的原则。如果把信息传输通道中的前一个环节视为信号源，下一个环节视为负载，则可以用负载或输入阻抗 Z_L 对信号源的输出阻抗 Z_i 之比，即 $a_g = \dfrac{|Z_L|}{|Z_i|}$ 来说明这两个环节之间的匹配程度。

匹配程度 a_g 的大小决定于测控系统中两个环节之间的匹配方式。若要求信号源馈送给负载的电压最大，即实现电压匹配，应取 $a_g \gg 1$；若要求信号源馈送给负载的电流最大，即实现电流匹配，则应取 $a_g \ll 1$；若要求信号源馈送给负载的功率最大，即实现功率匹配，则应取 $a_g = 1$。

（2）负载能力匹配。负载能力的匹配实际上是前一级单元电路能否正常驱动后一级的问题。这一问题在各级之间均存在，但特别突出的是在最后一级单元电路中，因为末级电路往往需要驱动执行机构。如果驱动能力不够，则应增加一级功率驱动单元。在模拟电路里，如对驱动能力要求不高，可采用由运放构成的电压跟随器，否则需采用功率集成电路，或互补对称输出电路。在数字电路里，则采用达林顿驱动器、单管射极跟随器或单管反相器。当然，并非一定要增加一级驱动电路，在负载不是很大的场合，往往改变一下电路参数即可满足要求。总之，一切皆视负载大小而定。

（3）电平匹配。电平匹配问题常出现在数字电路中。若高低电平不匹配，则不能保证正常的逻辑功能，因此，必须增加相应的电平转换电路。

第4章 数据处理及控制算法

4.1 常用数字滤波算法

在一般工业应用场合,系统工作环境较恶劣,干扰源较多。当干扰作用耦合到模拟信号之后,会使系统采样结果偏离真实值。仅采样一次无法确定该结果是否可信,因此为了提高采样准确性,提高系统性能,一般对采样到的数据进行数字滤波处理。

所谓数字滤波,就是通过执行一定的计算程序对采样信号进行加工,以提高信噪比(即有用信号在信号中的比重),提高测控系统的可靠性。数字滤波相对于模拟滤波有以下优点:

(1) 数字滤波采用程序实现,滤波参数调节方便,不需要增加硬件成本。同时,不同通道可共用一个滤波程序,可有效降低研发成本。

(2) 相对于模拟滤波受到电容、电阻值的影响,滤波频率不能太低。而数字滤波可对频率较低的信号取得较好的滤波效果。

4.1.1 算术平均滤波

方法:连续采样 N 次,并对 N 个信号进行算术平均值运算。N 值较大时,信号平滑度较高,但灵敏度较低,系统响应缓慢;N 值较小时,信号平滑度较低,但灵敏度较高。N 值一般选偶数,可通过移位计算代替除法计算,可在一定程度上提高计算速度。

优缺点:适用于一般随机干扰信号滤波,但不适用于实时控制要求较高的场合。使用时应注意,累加时是否产生数据溢出等错误。

例程:
```c
#define N 12
char AverageFilter ()
{
    unsigned int sum = 0;
    unsigned char i;
    for (i=0; i<N; i++)
    {
        sum += Ad_Sample ();     //Ad_Sample () 为 AD 采样函数
        delay ();                //延时函数,延时时间视具体情况而定
    }
    return (char) (sum/N);
}
```

4.1.2 中位值滤波

方法：连续采样 N 次（N 为奇数），把 N 个采样值按升序或降序排列，取中间值为本次采样有效值。

优缺点：能有效克服因偶然因素引起的干扰，适用于温度等参数变化缓慢的场合，但不适用于实时控制要求较高的场合。N 一般选择 3 或 5。

例程：

```c
#define N 5
unsigned char MiddleFilter ()
{
    unsigned char value_buf [N];
    unsigned char i, j, k, temp;
    for (i=0; i<N; i++)
    {
        sum += Ad_Sample ();      //Ad_Sample () 为 AD 采样函数
        delay ();                 //延时函数，延时时间视具体情况而定
    }
    for (j=0; j<N-1; j++)
     {
        for (k=0; k<N-j; k++)
         {
            if (value_buf [k] >value_buf [k+1])
            temp = value_buf [k];
            value_buf [k] = value_buf [k+1];
            value_buf [k+1] = temp;
         }
     }
    return value_buf [ (N-1) /2];
}
```

4.1.3 限幅滤波

方法：对每次采样到的数据进行限幅处理。将连续两次采样值相减，求其变化量，当变化量在一定范围内时，采用新的采样值。当变化量超出一定范围，则舍弃该采样值。

优缺点：能有效克服因偶然因素引起的脉冲干扰，但无法抑制周期性干扰，且平滑度较差。变化量幅值需根据经验确定。

例程：

```c
#define A 500
unsigned char Value
unsigned char LimiterFilter ()
{
    unsigned char NewValue;
    unsigned char ReturnValue;
    NewValue = Ad_Sample ();           //Ad_Sample () 为 AD 采样函数
```

```
        if ( ( (NewValue - Value) > A)) || ( (Value - NewValue) > A)))
            ReturnValue = Value;
        else
            ReturnValue = NewValue;
        return (ReturnValue);
    }
```

4.1.4 中位值平均滤波法

方法：连续采样 N 次（N 为偶数），把 N 个采样值按升序或降序排列，去除最大值和最小值，将剩余（$N-2$）个数进行算术平均计算。

优缺点：融合了中位值滤波和算术平均滤波，对偶然出现的脉冲干扰和周期性干扰有校好的抑制作用。同样由于需要排序，程序响应速度较慢。N 一般选择 4~16 之间的偶数。

例程：

```
#define N 10
uchar MidAveFilter ()
{
    unsigned char i, j, k, 1;
    unsigned char temp, sum = 0, value;
    unsigned char value_buf [N];
    for (i = 0; i < N; i ++)
    {
        sum + = Ad_Sample ();       //Ad_Sample () 为 AD 采样函数
        delay ();                    //延时函数，延时时间视具体情况而定
    }
    for (j = 0; j < N - 1; j ++)
    {
        for (k = 0; k < N - j; k ++)
        {
            if (value_buf [i] > value_buf [i +1])
            {
                temp = value_buf [i];
                value_buf [i] = value_buf [i +1];
                value_buf [i +1] = temp;
            }
        }
    }
    for (i = 1; i < N - 1; i ++)
    {
        sum + = value_buf [i];
    }
    value = sum/ (N - 2);
    return (value);
}
```

4.1.5 递推平均滤波法（滑动平均滤波法）

方法：把连续 N 个采样值看成一个队列，队列长度固定为 N。每次采样到一个新数据放入队尾，并扔掉队首的一次数据。把队列中的 N 个数据进行平均运算，即获得新的滤波结果。

优缺点：对周期性干扰有良好的抑制作用，平滑度高；适用于高频振荡的系统；灵敏度低；对偶然出现的脉冲性干扰的抑制作用较差，不适于脉冲干扰较严重的场合。

例程：

```
#define N 12
unsigned char value_buf [N];
unsigned char filter ()
{
    unsigned char i;
    unsigned char value;
    int sum = 0;

    value_buf [i++] = Ad_Sample ();         //Ad_Sample () 为 AD 采样函数
    for (i = 0; i < N; i++)
    {
        value_buf [i] = value_buf [i+1];    //所有数据左移，低位扔掉
        sum + = value_buf [i];
    }
    value = sum/N;
    return (value);
}
```

4.1.6 低通滤波

方法：仿照模拟系统 RC 低通滤波的方法，将普通硬件 RC 滤波器的微分方程用差分方程来表示，即可用软件来模拟硬件滤波。一阶低通滤波传递函数离散化后为：

$$Y_n = (1-a) X_n + a Y_{n-1} \tag{4-1-1}$$

式中，X_n 为第 n 次采样值；Y_{n-1} 为上一次滤波输出值；Y_n 为第 n 次采样后的滤波输出值；a 为滤波系数。

优缺点：对于慢速随机变化的被测参数，采用在短时间内连续采样求平均值的方法，其滤波效果一般；低通滤波算法采用动态滤波，可有效提高滤波效果；该算法能很好地消除周期性干扰；但算法也带来了相位滞后，滞后相位角的大小与 a 有关，a 取值大于 0 小于 1。

例程：

```
#define a 0.2
double OneStepFilter (double Yn1, double Yn)
{
    double temp;
    temp = a* Yn1 + (1 - a) * Yn;
    return temp;
}
```

4.1.7 复合滤波

在实际应用中，所面临的随机扰动往往不是单一的，有时既要消除脉冲干扰，又要做数据平滑。因此，常把前面所介绍的两种或两种以上的方法结合起来使用，形成复合滤波。例如防脉冲干扰的低通滤波。这种算法的特点是先用限幅滤波去除脉冲干扰，再利用低通滤波消除周期性干扰。

4.2 PID 算法原理及实现

4.2.1 模拟 PID 调节器

在模拟控制系统中，调节器最常用的控制规律是 PID 控制。模拟 PID 控制系统原理如图 4-2-1 所示。系统由模拟 PID 调节器、执行机构及控制对象组成。

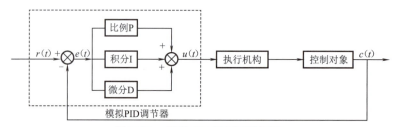

图 4-2-1 模拟 PID 控制系统原理

模拟 PID 调节器是一种线性调节器。它根据给定值 $r(t)$ 与实际输出值 $c(t)$ 构成的控制偏差

$$e(t) = r(t) - c(t) \tag{4-2-1}$$

将偏差的比例 P、积分 I、微分 D 通过线性组合构成控制量，对控制对象进行控制，故称其为模拟 PID 调节器。模拟 PID 调节器的控制规律为：

$$u(t) = K_\mathrm{P}\left[e(t) + \frac{1}{T_\mathrm{I}} \int_0^t e(t)\,\mathrm{d}t + T_\mathrm{D} \frac{\mathrm{d}e(t)}{\mathrm{d}t} \right] \tag{4-2-2}$$

式中，K_P 为比例系数；T_I 为积分时间常数；T_D 为微分时间常数。

模拟 PID 调节器各校正环节的作用是：

（1）比例环节，即时成比例地反映控制系统的偏差信号 $e(t)$；偏差一旦产生，调节器立即产生控制作用以减少偏差。

（2）积分环节，主要用于消除静差，提高系统的无差度。积分作用的强弱取决于积分时间常数。

（3）微分环节，能反映偏差信号的变化趋势（变化速率），并能在偏差信号的值变得太大之前，在系统中引入一个有效的早期修正信号，从而加快系统的动作速度，减少调节时间。

在实际应用中，常根据对象的特征和控制要求，将 P、I、D 基本控制规律进行组合，以达到对被控对象进行有效控制的目的。例如，P 调节器、PI 调节器、PD 调节器和 PID 调节器等。

（1）比例控制规律（P）：采用 P 控制规律能较快地克服扰动的影响，它输出值较快，但不能很好地稳定在一个理想的数值，不良的结果是虽能较有效地克服扰动的影响，但有余差出现。它适用于控制通道滞后较小、负荷变化不大、控制要求不高、被控参数允许在一定范围内有余差的场合。

（2）比例积分控制规律（PI）：在工程中比例积分控制规律是应用最广泛的一种控制规律。积分能在比例的基础上消除余差，它适用于控制通道滞后较小、负荷变化不大、被控参数不允许有余差的场合。

（3）比例微分控制规律（PD）：微分具有超前作用，对于具有容量滞后的控制通道，引入微分参与控制，在微分项设置得当的情况下，对于提高系统的动态性能指标，有着显著效果。因此，对于控制通道的时间常数或容量滞后较大的场合，为了提高系统的稳定性，减小动态偏差等可选用比例微分控制规律。如：加热型温度控制、成分控制。需要说明一点，对于那些纯滞后较大的区域，微分项是无能为力的，而在测量信号有噪声或周期性振动的系统，则也不宜采用微分控制。

（4）比例积分微分控制规律（PID）：PID控制规律是一种较理想的控制规律，它在比例的基础上引入积分，可以消除余差，再加入微分作用，又能提高系统的稳定性。它适用于控制通道时间常数或容量滞后较大、控制要求较高的场合。

4.2.2　数字PID调节器

在直接数字控制系统（DDC）中，用计算机取代了模拟调节器，控制规律的实现是由计算机软件完成的。因此，系统中数字控制器的设计，实际上是计算机算法的设计。

由于计算机只能识别数字量，不能对连续的控制算式直接进行运算，故在计算机控制系统中，必须首先对控制规律进行离散化的算法设计。通过简化可得数字式PID算法：

$$u(n) = u(n-1) + \Delta u(n) = u(n-1) + a_0 e(n) + a_1 e(n-1) + a_2 e(n-2) \quad (4\text{-}2\text{-}3)$$

式中，$u(n)$为输出；$u(n-1)$为上一时刻的输出；$\Delta u(n)$此刻相对于上一时刻输出增量；a_0、a_1、a_2与K_p、T_I、T_D相关。

$$\begin{cases} a_0 = K_p\left(1 + \dfrac{T}{T_I} + \dfrac{T_D}{T}\right) \\ a_1 = -K_p\left(1 + \dfrac{2T_D}{T}\right) \\ a_2 = K_p \dfrac{T_D}{T} \end{cases} \quad (4\text{-}2\text{-}4)$$

式中，T为采样时间。

4.2.3　PID算法流程

1. 增量式PID算法

根据式（4-2-2），增量式PID算法计算$\Delta u(n)$只需保留现时刻以及以前的两个偏差值$e(n)$、$e(n-1)$、$e(n-2)$。其程序流程图如图4-2-2所示。

算法C语言实现：

（1）定义PID参数结构体。

```
struct pid
{
    float SetParameter;               //设定参数
```

```
    float ActualParameter;          //实际值
    float err;                      //定义偏差值
    float err_last;                 //上一个偏差值
    float err_last_next;            //上上个偏差
    float a0, a1, a1;               //p, i, d 系数

} pid;
```

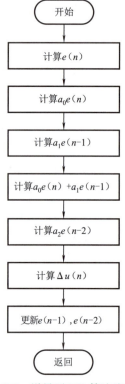

图 4-2-2　增量型 PID 算法流程图

（2）算法实现函数。

```
float PIDRealize (float SetParameter)
{
    float incrementParameter;
    pid.SetParameter = SetParameter;
    pid.err = pid.SetParameter - pid.ActualParameter;
    incrementParameter = pid.a0*(pid.err - pid.err_last) + pid.a1* pid.err + pid.a2*
(pid.err - 2*pid.err_last + pid.err_last_next);
    pid.ActualParameter + = incrementParameter;
    pid.err_last = pid.err;
    pid.err_last_next = pid.err_last;
    return pid.ActualParameter;
}
```

2. 位置型 PID 算法

根据式（4-2-2），因 $u(n) = u(n-1) + \Delta u(n)$，所以位置型 PID 算法的程序流程只需在增量型 PID 算法程序流程的基础上增加异常加运算 $u(n) = u(n-1) + \Delta u(n)$ 并更新 $u(n-1)$ 即可，流程图如图 4-2-3 所示。

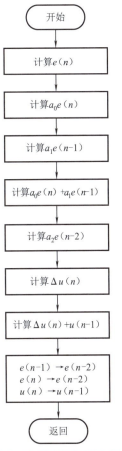

图 4-2-3 位置型 PID 算法流程图

增量型算法与位置型算法比较，具有以下优点：

（1）增量型算法不需要做累加，控制量的增量的确定仅与最近几次误差采样值有关，计算误差和计算精度问题对控制量的计算影响较小。而位置型算法要用到过去的误差累加值，容易产生大的累加误差。

（2）增量型算法得出的是控制量的增量，误动作影响小。

（3）采用增量型算法，易实现手动到自动的无冲击切换。

4.2.4 PID 参数选择

对于一个采用数字 PID 控制的系统来说，其控制效果的好坏与数字控制器的参数紧密相关。正确选择数字 PID 的有关参数是提高控制效果的一项重要技术措施。

控制算法参数选择要根据具体过程的要求来考虑。一般来说，要求被控过程是稳定的，能迅速和准确地跟踪给定值的变化，超调量小，在不同干扰下系统输出应能保持在给定值，操作变量不宜过大，在系统与环境参数发生变化时控制应保持稳定。显然，要同时满足上述各项要求是困难的，必须根据具体过程的要求，满足主要方面，并兼顾其他方面。

PID 调节器的参数整定方法较多，但可归结为理论计算法和工程整定法两种。用理论计算法设计调节器的前提是能获得被控对象准确的数学模型，这在工业过程中一般较难做到。因此，实际用得较多的还是工程整定法。这种方法的最大优点就是在整定参数时不依赖对象的数学模型，直接在控制系统中进行现场整定，简单易行。当然，这是一种近似的方法，有时可能略显粗糙，但相当实用，可解决一般实际问题。常用的简易工程整定法有扩充响应曲线法、扩充临界比例度法、试凑法等。下面以试凑法为例说明。

从一组初始 PID 参数开始，通过观察模拟系统或实际系统的闭环运行效果，根据 PID 控制器各参数对系统品质的定性影响，反复试凑，不断修改参数，直至获得满意的控制效果为止，是目前工程上应用最为广泛的一种 PID 控制器参数整定方法。

根据 PID 控制器各参数对控制过程的影响情况，按照"先比例，后积分，再微分"的顺序，用试凑法整定 PID 控制器参数的步骤如下：

（1）只采用比例控制，K_p 由小调到大，观察系统的响应曲线，若响应时间、超调量、静差已达到要求，那么只采用比例调节即可。

（2）如果在比例控制的情况下，系统的静差不满足设计要求，则加入积分控制。整定时先将积分时间常数 T_I 设为一个较大的值，并将上一步中的 K_p 减小，然后逐渐减小 T_I，使系统响应在良好动态性能的情况下，消除静差。可以反复测试多组 K_p 和 T_I 值，从中确定最合适的参数。

（3）若采用 PI 控制消除系统静差后，系统的动态特性不能满足设计要求，如超调量大，或调节时间过长，则需要加入微分控制，构成 PID 控制器。首先将微分时间常数 T_D 设为零，然后逐步增大 T_D，同时相应地改变 K_p 和 T_I，逐步试凑多组 PID 参数，从中找出一组最佳调节参数。

在 PID 控制中，比例、积分、微分三部分参数具有一定的互补性，往往某一参数的减少可由其他参数的增加来补偿。所以不同的参数组合往往可以达到相同的控制效果。实际应用中，只要控制效果已达到要求，就可以确定对应的 PID 参数。

抗干扰技术

在理想情况下,一个电路或系统的性能仅由该电路或系统的结构及所用元器件的性能指标来决定。然而在许多场合,用优质元件构成的电路或系统却达不到额定的性能指标,有的甚至不能正常工作。究其原因,常常是噪声干扰造成的。所谓噪声是指电路或系统中出现的非期望的电信号。噪声对电路或系统产生的不良影响称为干扰。在检测系统中,噪声干扰会使测量指示产生误差;在控制系统中,噪声干扰可能导致误操作。因此,为使测控系统正常工作,必须研究抗干扰技术。

形成噪声干扰必须具备三个要素:噪声源、对噪声敏感的接收电路及噪声源到接收电路间的耦合通道。因此,抑制噪声干扰的方法也相应地有三个:降低噪声源的强度,使接收电路对噪声不敏感,抑制或切断噪声源与接收电路间的耦合通道。多数情况下须在这三个方面同时采取措施。

本章主要从接地技术、印制电路板设计两方面讨论硬件抗干扰技术。

5.1 接地技术

5.1.1 地线概念

"地"是电路或系统中为各个信号提供参考电位的一个等电位点或等电位面。所谓"接地"就是将某点与一个等电位点或等电位面之间用低电阻导体连接起来,构成一个基准电位。测控系统中的地线有以下几种:

1. 信号地

在测控系统中,原始信号是用传感器从被测对象获取的,信号(源)地是指传感器本身的零电位基准线。

2. 模拟地

模拟信号的参考点,所有组件或电路的模拟地最终都归结到供给模拟电路电流的直流电源的参考点上。

3. 数字地

数字信号的参考点,所有组件或电路的数字地最终都与供给数字电路电流的直流电源的参考点相连。

4. 负载地

负载地是指大功率负载或感性负载的地线。当这类负载被切换时，它的地电流中会出现很大的瞬态分量，对低电平的模拟电路乃至数字电路都会产生严重干扰，通常把这类负载的地线称为噪声地。

5. 系统地

为避免地线公共阻抗的有害耦合，模拟地、数字地、负载地应严格分开，并且要最后汇合在一点，以建立整个系统的统一参考电位，该点称为系统地。系统或设备的机壳上的某一点通常与系统地相连接，供给系统各个环节的直流稳压或非稳压电源的参考点也都接在系统地上。

5.1.2 共地与浮地

如果系统地与大地绝缘，则该系统称为浮地系统。浮地系统的系统地不一定是零电位。

如果把系统地与大地相连，则该系统称为共地系统，共地系统的系统地与大地电位相同。这里所说的"大地"就是指地球。众所周知，地球是导体，而且体积非常大，因而其静电容量也非常大，电位比较恒定，所以人们常常把它的电位作为绝对基准电位，也就是绝对零电位。为了连接大地，可以在地下埋设铜板、插入金属棒或利用金属排水管道作为连接大地的地线。

常用的工业电子控制装置宜采用共地系统，它有利于信号线的屏蔽处理，机壳接地可以免除操作人员的触电危险。如采用浮地系统，要么使机壳与大地完全绝缘，要么使系统地不接机壳。在前一种情况下，当机壳较大时，它与大地之间的分布电容和有限的漏电阻使得系统地与大地之间的可靠绝缘非常困难。而在后一种情况下，贴地布线的原则（系统内部的信号传输线、电源线和地线应贴近接地的机柜排列，机柜可起到屏蔽作用）难以实施。

在共地系统中有一个如何接大地的问题。需要注意的是，不能把系统地连接到交流电源的零线上，也不应连到大功率用电设备的安全地线上，因为它们与大地之间存在着随机变化的电位差，其幅值变化范围从几十毫伏至几十伏。因此共地系统必须另设一个接地线。为防止大功率交流电源地电流对系统地的干扰，建议系统地的接地点和交流电源接地点间的最小距离不应小于 800 m，所用的接地棒应按常规的接地工艺深埋，且应与电力线垂直。

5.1.3 接地方式

1. 串联单点接地

两个或两个以上的电路共用一段地线的接地方法称为串联单点接地。在串联接地方式中，任一电路的地电位都受到别的电路地电流变化的调制，使电路的输出信号受到干扰。这种干扰是由地线公共阻抗耦合作用产生的。离接地点越远，电路中出现的噪声干扰越大，这是串联接地方式的缺点。但是，与其他接地方式相比，串联接地方式布线最简单，费用最低。

串联接地通常用来连接地电流较小且相差不太大的电路。为使干扰最小，应把电平最低的电路安置在离接地点（系统地）最近的地方与地线相接，如图 5-1-1 所示。

2. 并联单点接地

并联单点接地指各个电路的地线只在一点（系统地）。各电路的对地电位只与本电路的地电流和地线阻抗有关，因而没有公共阻抗耦合噪声，如图 5-1-2 所示。

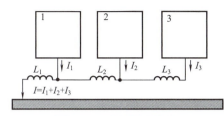

图 5-1-1　串联单点接地

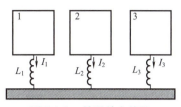

图 5-1-2　并联单点接地

这种接地方式的缺点在于所用地线太多。对于比较复杂的系统，这一矛盾更加突出。此外，这种方式不能用于高频信号系统。因为这种接地系统中地线一般都比较长，在高频情况下，地线的等效电感和各个地线之间杂散电容耦合的影响是不容忽视的。当地线的长度等于信号波长（光速与信号频率之比）的奇数倍时，地线呈现极高阻抗，变成一个发射天线，将对邻近电路产生严重的辐射干扰。

3. 多点接地

上述两种接地都属于单点接地方式，主要用于低频系统。在高频系统中，通常采用多点接地方式。在这种系统中各个电路或元件的地线以最短的距离就近连到地线汇流排（ground plane，通常是金属底板）上，因地线很短（通常远小于 25 mm），底板表面镀银，所以它们的阻抗都很小。多点接地不能用在低频系统中，因为各个电路的地电流流过地线汇流排的电阻会产生公共阻抗耦合噪声。

一般的选择标准是，在信号频率低于 1 MHz 时，应采用单点接地方式，而当信号频率高于 10 MHz 时，多点接地系统是最好的。对于频率处于 1～10 MHz 之间的系统，可以采用单点接地方式，但地线长度应小于信号波长的 1/20；如不能满足这一要求，应采用多点接地。

在实际的低频系统中，一般都采用串联和并联相结合的单点接地方式，这样既兼顾了抑制公共阻抗耦合噪声的需要，又不致使系统布线过于复杂。为此，需把系统中所有地线根据电流变化的性质分成若干组，性质相近的电路共用一根地线（串联接地），然后将各组地线汇集于系统地上（并联接地）。

5.2　印制电路板设计

印制电路板（PCB）的设计是以电路原理图为根据，实现电路设计者所需要的功能。印刷电路板的设计主要指版图设计，需要考虑外部连接的布局、内部电子元件的优化布局、金属连线和通孔的优化布局、电磁保护和热耗散等各种因素。简单的板图设计可以用手工实现，复杂的板图设计需要借助计算机辅助设计（CAD）软件实现。国内用得比较多的 CAD 软件有 Altium Designer、Cadence、EAGLE Layout 等。各公司软件各有优缺点，易用程度不一。但 PCB 设计关键在于根据需求设计。不同公司在 PCB 设计中会有自己的布线规则，但大体相同。

5.2.1　元器件布局基本原则

（1）按电路模块进行布局，实现同一功能的相关电路称为一个模块。电路模块中的元件应采用就近集中原则，同时数字电路和模拟电路分开。

（2）遵照"先大后小，先难后易"等的布置原则，即重要的单元电路、核心元器件应当优先布局。

（3）布局中应参考原理框图，根据单板的主信号流向规律安排主要元器件。

（4）布局应该尽量满足以下要求：总的连线尽可能短，关键信号线最短；高电压、大电流信号与小电流、低电压的弱信号完全分开；模拟信号与数字信号分开；高频信号与低频信号分开；高频元器件的间隔要充分。

（5）相同结构电路部分，尽可能采用"对称式"标准布局。

（6）同一种类型的有极性分立元件应尽量在 X 或 Y 方向上保持一致（例如电解电容、二极管等），同一类型无极性分立元件应尽量在 X 或 Y 中的一个方向上（例如电阻、电容），以便于生产和检验。

（7）IC 去耦电容的布局要尽量靠近 IC 的电源引脚，并使之与电源和地之间形成的回路最短，如图 5-2-1 所示。

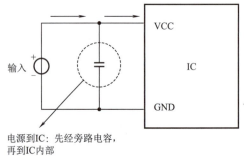

图 5-2-1　IC 旁路电容设计

（8）元件布局时，应适当考虑使用同一种电源的器件尽量放在一起，以便于将来的电源分割。

（9）用于阻抗匹配目的的阻容元件的布局，要根据其属性合理布置。串联匹配电阻的布局要靠近该信号的驱动端，距离一般不超过 500 mil（1 mil＝0.025 4 mm）。匹配电阻、电容的布局一定要分清信号的源端和终端，对于多负载的终端匹配一定要在信号的最远端匹配。

（10）卧装电阻、电感（插件）、电解电容等元件的下方避免布过孔，以免波峰焊后过孔与元件壳体短路。

（11）发热元件不能紧邻导线和热敏元件；高热器件要均衡分布。

（12）电源插座要尽量布置在印制电路板的四周，电源插座与其相连的汇流条接线端应布置在同侧。特别应注意不要把电源插座及其他焊接连接器布置在连接器之间，以利于这些插座、连接器的焊接及电源线缆设计和扎线。电源插座及焊接连接器的布置间距应考虑方便电源插头的插拔。

（13）贴片焊盘上不能有通孔，以免焊膏流失造成元件虚焊。重要信号线不要从插座脚间穿过。

（14）贴片单边对齐，字符方向一致，封装方向一致。

（15）有极性的器件在以同一板上的极性标示方向尽量保持一致。

5.2.2　PCB 布线规则

（1）位于 PCB 边缘的元件，距离边缘至少要有两个板厚的距离。一般在布线区域距 PCB

板边≤1 mm 的区域内，以及安装孔周围 1 mm 内，禁止布线。

（2）布线时尽量加宽电源、地线宽度，最好是地线比电源线宽，它们的关系是：地线 > 电源线 > 信号线。

（3）注意电源线与地线应尽可能呈放射状，以及信号线不能出现回环走线。

（4）地线回路规则：环路最小规则，即信号线与其回路构成的环面积要尽可能小，环面积越小，对外的辐射越少，接收外界的干扰也越小，如图 5-2-2 所示。

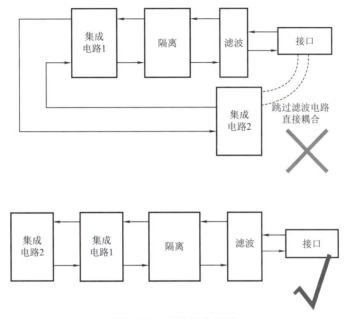

图 5-2-2　环路最小规则

（5）串扰控制：串扰是指 PCB 上不同网络之间因较长的平行布线引起的相互干扰，主要是由于平行线间的分布电容和分布电感的作用。克服串扰的主要措施是：

①加大平行布线的间距，遵循 3W 规则，即两根传输线中心之间距离为 3 倍线宽；

②在平行线间插入接地的隔离线，减小布线层与地平面的距离。

（6）走线的方向控制规则：相邻层的走线方向成正交结构，如图 5-2-3 所示，避免将不同的信号线在相邻层走成同一方向，以减少不必要的层间串扰，特别是信号速率较高时，应考虑用地平面隔离各布线层，用地信号线隔离各信号线。

（7）走线开环检查规则：一般不允许出现一端浮空的布线，主要是为了避免产生"天线效应"，减少不必要的干扰辐射和接收。

（8）PCB 设计中应避免产生锐角和直角，产生不必要的辐射，同时工艺性能也不好，如图 5-2-4 所示。

（9）阻抗匹配检查规则：同一网络的布线宽度应保持一致，线宽的变化会造成线路特性阻抗的不均匀，当传输的速度较高时会产生反射，在设计中应该尽量避免这种情况。在某些条件下，如接插件引出线，BGA 封装（Ball Grid Array Package，球栅阵列封装）芯片的引出线等，可能无法避免线宽的变化，应该尽量减少中间不一致部分的有效长度。

（10）走线闭环检查规则：防止信号线在不同层之间形成自环。在多层板设计中容易发生此类问题，自环将引起辐射干扰。一般 CAD 软件会自动检查闭环走线。

（11）走线的谐振规则：主要针对高频信号设计而言，即布线长度不得与其波长成整数倍关系，以免产生谐振现象。

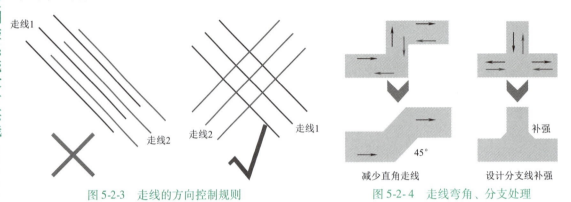

图 5-2-3　走线的方向控制规则　　　　图 5-2-4　走线弯角、分支处理

（12）走线长度控制规则：即短线规则，在设计时应该让布线长度尽量短，以减少由于走线过长带来的干扰问题，特别是一些重要信号线，如时钟线，务必将其振荡器放在离器件很近的地方。对驱动多个器件的情况，应根据具体情况决定采用何种网络拓扑结构。例如单片机晶振及电容应尽量靠近单片机引脚。

（13）器件布局分区/分层规则：主要是为了防止不同工作频率的模块之间的互相干扰，同时尽量缩短高频部分的布线长度。通常将高频的部分布设在接口部分以减少布线长度。同时还要考虑到高/低频部分地平面的分割问题，通常采用将两者的地分割，再在接口处单点相接。对混合电路，也有将模拟与数字电路分别布置在印制电路板的两面，分别使用不同的层布线，中间用地层隔离的方式。

（14）孤立铜区控制规则：孤立铜区的出现，将带来一些不可预知的问题，因此将孤立铜区与别的信号相接，有助于改善信号质量，通常是将孤立铜区接地或删除。在实际的制作中，PCB厂家将一些板的空置部分增加了一些铜箔，主要是为了方便印制板加工，同时对防止印制板翘曲也有一定的作用。

（15）电源与地线层的完整性规则：对于导通孔密集的区域，要注意避免孔在电源和地层的挖空区域相互连接，形成对平面层的分割，从而破坏平面层的完整性，并进而导致信号线在地层的回路面积增大。

（16）重叠电源与地线层规划：不同电源层在空间上要避免重叠。主要是为了减少不同电源之间的干扰，特别是一些电压相差很大的电源之间，电源平面的重叠问题一定要设法避免，难以避免时可考虑中间隔离层。在不同信号层间进行供电的电源总线遵循这一规则，即尽量避免重叠。

（17）3W（3倍线宽）规则：为了减少线间串扰，应保证导线间距足够大，当导线中心间距不少于3倍线宽时，则可保持70%的电场不互相串扰，如要达到98%的电场不互相干扰，可使用10W（10倍线宽）间距。在布线密度较低时，信号线的间距可适当加大，对高、低电平悬殊的信号线应尽可能地短且加大间距。

（18）印制导线的宽度：导线宽度应以能满足电气性能要求而又便于生产为宜，它的最小值以承受的电流大小而定。布线宽与最大通过电流见表 5-2-1，表中默认布线厚度为 35 μm。互联网中可查到相应的工具自动计算布线宽度。该类工具一般使用 IPC-2221 标准提供的公式计算铜印刷电路板导体或承载给定电流所需"印制线"的宽度，同时保持印制线的温升低于规定的极限值。此外，如果印制线长度已知，还会计算总电阻、电压降和印制线电阻引起的功率损耗。由此求得的结果是估算值，实际结果会随应用条件而发生变化。

表 5-2-1　布线宽度与最大通过电流对应表

布线宽度/mm	最大通过电流/A
0.1	0.45
0.2	0.74
0.3	0.10
0.4	1.23
0.5	1.45
0.6	1.65
0.7	1.84
0.8	2.03
0.9	2.22
1.0	2.39
1.2	2.73
1.5	3.21
2.0	3.95
5.0	7.68

（19）布线安全间距：安全间距是指两个导电电子元件或者走线之间测得的最短空间距离，即在保证电气性能稳定与安全的前提下，通过空气所能够绝缘的最短距离。表 5-2-2 标注的是部分安全间距最小值，该数据来源于《IPC-2221　印制电路板通用设计标准》。

表 5-2-2　最小安全间距

电压/V	内层导体/mm	外层导体（海拔＜3 000 m）/mm	外部引脚、端接/mm
0~15	0.05	0.1	0.13
16~30	0.05	0.1	0.25
31~50	0.1	0.6	0.4
51~100	0.1	1.5	0.5
101~150	0.2	3.2	0.8
151~170	0.2	3.2	0.8
171~250	0.2	6.4	0.8
251~300	0.2	12.5	0.8
301~500	0.25	12.5	1.5

（20）数字电路与模拟电路的共地处理。数字电路与模拟电路共同存在时，布线需要考虑二者相互干扰问题，特别是地线上的噪声干扰。数字电路的频率高，模拟电路的敏感度强，对信号线来说，高频的信号线尽可能远离敏感的模拟电路器件，对地线来说，整个 PCB 对外界连接只有一个端口，所以必须在 PCB 内部处理数、模共地的问题，而在板内部数字地和模拟地实际上是分开的，它们之间互不相连，只是在 PCB 与外界连接的端口，数字地与模拟地有一点短接。

5.2.3　印制电路板的布局

（1）印制电路板上的元器件放置时一般采用模块化设计，根据模块与信号走向放置。通常顺序：放置与结构有紧密配合的固定位置的元器件，如电源插座、指示灯、开关、连接件之类，这些器件放置好后用软件的锁定功能将其锁定，使之以后不会被误移动；放置线路上的特殊元件和大的元器件，如发热元件、变压器、IC 等；放置小器件。

（2）高低压之间的隔离：在许多印制电路板上同时有高压电路和低压电路，高压电路部分的元器件与低压部分要隔开放置，隔离距离与要承受的耐压有关，通常情况下在 2 000 kV 时，板上要距离 2 mm，在此基础上按比例计算还要加大，例如要承受 3 000 kV 的耐压测试，则高低压线路之间的距离应在 3.5 mm 以上，许多情况下为避免爬电，还需在印制电路板上的高低压之间开槽。

第6章 常用电子元器件选型

6.1 电阻器选型

电阻器（简称电阻）是电路设计中最常见的元器件之一，在选型时必须考虑阻值、功率、工作电压等指标。

6.1.1 电阻基本参数

1. 阻值与精度

电阻阻值应根据设计计算选取。在信号处理电路中，尽量不选用兆欧级别电阻，以降低噪声干扰。常用电阻精度等级见表 6-1-1（表中未列出超精密电阻）。电阻的精度越高，其稳定性也越好，但相应的价格也越高。所以，在电子系统设计中，要根据电路的不同要求选用不同精度的电阻，以期获得最佳的性价比。

表 6-1-1 常用电阻精度等级

允许误差	±0.5%	±1%	±2%	±5%	±10%	±20%
级别	005	01	02	I	II	III
类型	精密型			普通型		

2. 工作电压

电阻的最大工作电压应小于其额定电压。

$$额定电压(V) = \min\left(\sqrt{额定功率(W) \times 标称电阻(\Omega)}, 极限电压(V)\right)$$

各类电阻的极限电压见表 6-1-2。

表 6-1-2 各类电阻的极限电压

电阻类型	额定功率/W	极限电压/V
氧化膜电阻	0.5	250
	1	350
	2	350
	3	350
	5	500

续表

电阻类型	额定功率/W	极限电压/V
金属膜电阻	0.25	250
	0.5	300
	1	350
	2	400
碳膜电阻	0.5	250
	1	350
	2	350
	3	350
	5	500
玻璃釉电阻	0.25	500
	0.5	600
	1	800
	2	1 000
	3	1 000
	5	1 000
金属釉电阻	0.25	800
	0.5	1 500
	1	3 000
	2	6 000

3. 额定功率

额定功率是指电阻在交流或直流电路中，在特定条件下（在一定大气压和产品标准所规定的温度下）长期工作时所能承受的最大功率。其基本单位是瓦特（W）。不同类型的电阻有不同系列的额定功率。为了防止电阻烧毁，选用电阻时，应使其功率高于电路实际需求的1.5～2倍以上。常用贴片电阻封装及对应功率见表6-1-3。

表 6-1-3 常用贴片电阻封装及对应功率

电阻封装型号	0402	0603	0805	1206
额定功率（70 ℃）/mW	63	100	15	250
最大工作电压/V	50	50	150	200

6.1.2 电阻的种类

不同类型的电阻其性能也不一样。选型时，在保证性能与稳定性的同时，适当考虑成本。不同类型电阻特性见表6-1-4。

表 6-1-4 不同类型电阻特性

种 类	特 性	使用范围
氧化膜电阻	精度低；抗高脉冲能力差；耐高温能力强	发热大、精度要求不高
金属膜电阻	精度高；抗高脉冲能力差；耐高温能力差	用于弱电路，对精度要求较高的场合
碳膜电阻	精度低，不高于±5%；廉价；抗高脉冲能力差；耐高温能力差	用于弱电路，对电阻精度要求不高的场合
玻璃釉、金属釉电阻	抗高压脉冲能力强；耐高温能力差；精度高；成本高	发热不大，常用于强电路中

6.2 电容器选型

电容器（简称电容）类型的选择主要考虑以下方面：电容量及精度、额定电压、工作频率、封装尺寸、工作温度、阻抗（低频等效串联电阻 ESR、高频等效串联电感 ESL）、寿命等，滤波和耦合电容还要考虑纹波电流能力。

6.2.1 电容基本参数

（1）电容量及允许偏差：电容的容量基本可以决定电容器选用的类型。根据电路设计确定电容器的容量大小及容量的允许偏差。

（2）额定电压：根据电容的工作环境电压，得出电容的额定工作电压。各类电容的额定工作电压范围不同，部分电压范围有一些重叠。

（3）工作频率：根据电容在电路中的工作和电路工作频率，确定工作频率是落在容性区域、谐振区域还是感性区域（一般不会工作在感性区域），然后确定电容的串联谐振频率。一般来说陶瓷电容的串联谐振频率最高。

（4）封装尺寸：根据单板布局空间、单板整体加工要求和电容参数需求选择合适封装尺寸的电容。其中电容的封装不仅包括长宽高，还包括电容封装方式和个别电容周围应预留的空间，例如，液体铝电解电容上方应根据封装预留 2~5 mm 的间距空间；而对于裸封的薄膜电容相对来说，需要预留足够的安全间距。一般来说液体铝电解电容、薄膜电容体积较大，钽电解电容、陶瓷电容体积较小。薄膜电容现阶段主要是插装式外形，而液体铝电解电容和陶瓷电容有插装和表面贴装两种外形。常用贴片电容封装与最大有效电流的对应关系见表6-2-1。

表 6-2-1 常用贴片电容封装与最大有效电流的对应关系

电容封装型号	0603	0805	1206	1210
最大有效电流/A	2	3	3.5	4

（5）工作温度：指定电容的上下限类别温度。工作温度对电容器的性能、可靠性以及寿命均有较大影响。

（6）阻抗：指电容在频域内的阻抗值参数，随频率变化。这个参数决定了电容在频域上的旁路滤波能力以及在耦合电路上对信号的衰减大小。相同类别的器件，电容容量越大，低频阻抗越低；封装越小，高频阻抗越小（不考虑一些特殊结构器件）。

（7）寿命：电容在单板上的工作时间，由于电容类别的不同，在寿命方面有不同的考虑，选用电容时需要考虑高温参数和可靠性。

6.2.2 电容的种类

各类电容如铝、钽、陶瓷、薄膜等需要注意各种参数的温度系数、频率特性等，例如电容量随温度、电压、频率、老化时间而变化；等效串联电阻（ESR）随温度、频率的变化等；绝缘电阻（IR）随电压及温度的变化；介质损失因数（DF）值随温度及频率的变化。不同类型的电容优缺点对比见表6-2-2。

表6-2-2 不同类型的电容优缺点对比

种　类	优　点	缺　点
非固体铝电解电容	容量大，电压较高	受温度影响，参数变化很大，存在寿命问题
聚合物铝电解电容	容量大，ESR低，性能一致性比钽电容好	额定工作电压较低
MnO_2钽电容	封装小，一定电压范围内容量较大，稳定特性好，可靠性较好	ESR较大，工作电压低
聚合物钽电容	封装小，ESR小，一定电压范围内容量较大，温度特性好	在高功率场合短路时，可能出现燃烧的情况
陶瓷电容	封装小，ESR小，价格低廉，温度特性好	容量相比电解电容小很多
穿心电容	等效于LC电路，对高频纹波抑制能力强	容量较小，耐压值较低，容易受到机械应力

6.3 二极管选型

6.3.1 二极管基本参数

1. 额定整流电流

额定整流电流I_F指二极管长期运行时，根据运行温升折算出来的平均电流值。目前最大功率整流二极管的I_F可达1 000 A。

2. 最大平均整流电流I_o

在半波整流电路中，流过负载电阻的平均整流电流的最大值。

3. 最大浪涌电流I_{FSM}

允许流过的最大正向电流。不是正常的电流，而是瞬间电流。

4. 最大反向峰值电压V_{RM}

即使没有反向电流，只要不断地提高反向电压，迟早会使二极管反向击穿。最大反向峰值电压V_{RM}指为避免击穿所能加载的最大反向电压。

5. 最高工作频率f_M

由于PN结的结电容存在，当工作频率超过某一值时，它的单向导电性将变差。点接触式

二极管的 f_M 值较高,在 100 MHz 以上;整流二极管的 f_M 较低,一般不高于几千赫兹。

6. 反向恢复时间 T_{rr}

当正向工作电压从正向电压变成反向电压时,二极管工作的理想情况是电流能瞬时截止。实际上,一般要延迟一小段时间。决定电流截止延时的量,就是反向恢复时间。

7. 最大功率 P

二极管中有电流流过,就会吸热,而使自身温度升高。最大功率 P 为功率的最大值。这个极限参数对稳压二极管、可变电阻二极管特别重要。

6.3.2 二极管种类

二极管按其用途可分为:普通二极管和特殊二极管。普通二极管包括:整流二极管、稳压二极管、开关二极管、快速恢复二极管、瞬态抑制二极管、肖特基二极管等。特殊二极管包括:变容二极管、发光二极管、隧道二极管、触发二极管、检波二极管、桥堆等。常见二极管分类见表 6-3-1。

表 6-3-1 常见二极管分类

二极管类型	用 途	应 用 场 景
变容二极管	调频,高配电路匹配	调制解调电路
快恢复二极管	整流、续流、消反电势	AC-AC(交流转交流)、AC-DC(交流转直流)
整流二极管	整流	AC-DC
肖特基二极管	整流、续流、开关	AC-AC、AC-DC
开关二极管	开关	开关电路
桥堆	整流	AC-DC
稳压二极管	稳压	稳压电路
瞬态抑制二极管	瞬态电压保护、ESD(静电放电)保护	保护电路

1. 肖特基二极管

肖特基二极管(简称 SBD)不是利用 P 型半导体与 N 型半导体接触形成 PN 结原理制作的,而是利用金属与半导体接触形成的金属-半导体结(肖特基势垒)原理制作的。因此,SBD 也称为金属半导体(接触)二极管或表面势垒二极管,它是一种热载流子二极管。

肖特基二极管的反向恢复时间(T_{rr})非常快,因为其不存在少数载流子的寿命问题,反向恢复电荷非常少,所以其开关频率特别高,可达 100 GHz。这些特性使得肖特基二极管在高频应用领域占有重要位置。肖特基二极管被广泛应用于变频器、开关电源、驱动器等电路,作为低压、高频、大电流整流二极管、保护二极管、续流二极管等使用,肖特基二极管在微波通信等电路中作整流二极管、小信号检波二极管使用。

2. 快恢复二极管

能够迅速由导通状态过渡到关断状态的 PN 结整流二极管,称为快恢复二极管。快恢复二极管(简称 FRD),是一种具有开关特性好、反向恢复时间短的半导体二极管,工艺上多采用掺金措施,结构上有的采用 PN 结型结构,有的采用改进的 PIN 结构。其正向压降高于普通二极管（1~2 V），反向耐压多在 1 200 V 以下，从性能上可分为快恢复和超快恢复两个等级。前者反向恢复时间为数百纳秒或更长，后者则在 100 ns 以下。主要应用于开关电源、PWM 脉宽调制器、变频器等电子电路中，作为高频整流二极管、续流二极管或阻尼二极管使用。

3. 整流二极管

整流二极管是一种用于将交流电转变为直流电的半导体器件。二极管最重要的特性就是单向导电性。在电路中，电流只能从二极管的正极流入，负极流出。通常它包含一个 PN 结，有正极和负极两个端子。外加电压使 P 区相对 N 区为正的电压时，势垒降低，势垒两侧附近产生储存载流子，能通过大电流，具有低的电压降（典型值为 0.7 V），称为正向导通状态。若加相反的电压，使势垒增加，可承受高的反向电压（从 25 V 到 3 000 V），流过很小的反向电流（称反向漏电流），称为反向阻断状态。

整流二极管具有明显的单向导电性，击穿电压高，反向漏电流小，高温性能良好。通常高压大功率整流二极管都用高纯单晶硅制造。这种器件的 PN 结面积较大，能通过较大电流（可达上千安），但工作频率不高，一般在几十千赫兹以下。整流二极管主要用于各种低频半波整流电路，如需达到全波整流需连成整流桥使用。常见整流电路如图 6-3-1 所示，包括半波整流电路、全波整流电路、桥式整流电路、倍压整流电路。

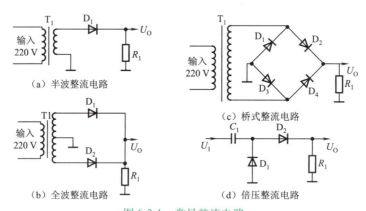

图 6-3-1　常见整流电路

（1）半波整流电路中使用一只整流二极管构成整流电路。根据输出的单向脉动直流电压的极性不同，半波整流电路有两种：①正极性半波整流电路；②负极性半波整流电路。

（2）全波整流电路中使用两只整流二极管构成整流电路。根据输出的单向脉动直流电压极性不同，全波整流电路有两种：①正极性全波整流电路；②负极性全波整流电路。

（3）桥式整流电路中使用四只整流二极管构成整流电路。根据输出的单向脉动直流电压极性不同，桥式整流电路有两种：①正极性桥式整流电路；②负极性桥式整流电路。

（4）倍压整流电路至少使用两只二极管构成整流电路，这时构成的是二倍压整流电路，如果使用更多的二极管可以构成更多倍压整流电路。

4. 瞬态抑制二极管

瞬态抑制（TVS）二极管，是普遍使用的一种新型高效电路保护器件，它具有极快的响应时间（亚纳秒级）和相当高的浪涌吸收能力。当它的两端经受瞬间的高能量冲击时，瞬态抑制二极管能以极快的速度把自身两端的阻抗值由高阻抗变为低阻抗，以吸收一个瞬间大电流，钳制两端电压。

5. 续流二极管

续流二极管由于在电路中起到续流的作用而得名，一般选择快恢复二极管或者肖特基二极管来作为"续流二极管"，它在电路中一般用来保护元件不被感应电压击穿或烧坏，以并联的方式接到产生感应电动势的元件两端，并与其形成回路，使其产生的高电动势在回路以续电流方式消耗，从而起到保护电路中的元件不被损坏的作用。

6. 变容二极管

变容二极管（varactor diode）又称可变电抗二极管，是利用 PN 结反偏时结电容大小随外加电压而变化的特性制成的。反偏电压增大时结电容减小，反之结电容增大，变容二极管的电容量一般较小，其最大值为几十皮法到几百皮法，最大电容与最小电容之比约为 5∶1。它主要在高频电路中用作自动调谐、调频、调相等，例如在电视接收机的调谐回路中作可变电容。

6.4 三极管选型

6.4.1 三极管基本参数

1. 直流放大系数

直流放大系数也称静态电流放大系数，是在静态无变化信号输入时，三极管集电极电流 I_C 与基极电流 I_B 的比值，一般用 h_{FE} 或 β 表示。

2. 耗散功率

集电极最大允许耗散功率 P_{CM} 是三极管参数变化不超过规定允许值时的最大集电极耗散功率。这与三极管的最高允许结温和集电极最大电流有密切关系，在使用时，其实际耗散功率不允许超过 P_{CM} 值，否则会造成三极管因过载而损坏。

3. 频率特性

三极管的放大系数和工作频率有关，如果超过了工作频率，则会出现放大能力减弱甚至失去放大作用。三极管的频率特性主要包括特征频率 f_T 和截止频率等。

特征频率 f_T：表示共射短路电流放大系数的幅值下降到 1 时的频率，它是三极管在共射应用中具有电流放大作用的频率极限。

截止频率：截止频率可分为 f_α 和 f_β。f_α 表示共基极短路电流放大系数的幅值 $|\alpha|$ 下降到低频值 α_0 的 $\frac{\sqrt{2}}{2}$ 时的频率。f_β 表示共射极短路电流放大系数的幅值 $|\beta|$ 下降到低频值 β_0 的 $\frac{\sqrt{2}}{2}$ 时的频率。f_β 反映了电流放大系数 β 的幅值 $|\beta|$ 随频率上升而下降的快慢。

4. 集电极最大电流 I_{CM}

三极管集电极所允许通过的最大电流，当三极管的集电极电流 I_C 超过 I_{CM} 时，三极管的 β

5. 最大反向电压

三极管在工作时允许施加的最高工作电压,它包括集电极-发射极反向击穿电压、集电极-基极反向击穿电压和发射极-基极反向击穿电压。

(1) 集电极-发射极反向击穿电压指晶体管基极开路时,集电极与发射极之间的最大允许反向电压,是集电极与发射极反向击穿电压,表示临界饱和时的饱和电压,用 V_{CEO} 或者 BV_{CEO} 表示。

(2) 集电极-基极反向击穿电压,是发射极开路时,集电极与基极之间的最大允许反向电压,用 V_{CBO} 或 BV_{CBO} 表示。

(3) 发射极-基极反向击穿电压,指三极管的集电极开路时,发射极与基极之间的最大允许反向电压,用 V_{EBO} 或 BV_{EBO} 表示。

6. 反向电流

反向电流包括集电极-基极之间的反向电流 I_{CBO} 和集电极-发射极之间的反向击穿电流 I_{CEO}。

(1) I_{CBO} 也称集电结反向漏电流,是当三极管的发射极开路时,集电极与基极之间的反向电流,I_{CBO} 对温度较敏感,该值越小,说明三极管的温度特性越好。

(2) I_{CEO} 是当三极管的基极开路时,其集电极与发射极之间的反向漏电电流,也称穿透电流。此值越小,说明三极管的性能越好。

6.4.2 三极管种类

三极管按照结构可分为 NPN 型三极管和 PNP 型三极管;按功能可分为开关管、功率管、达林顿管、光敏管等;按功率可分为小功率管、中功率管、大功率管;按工作频率可分为低频管、中频管、高频管。不同工作频率三极管常见应用见表 6-4-1。在工业测控系统中,三极管常工作在截止区或饱和区,相当于电路的切断和导通,被广泛应用于各种开关电路中。在选型时,要遵循频率与功率匹配的原则。

表 6-4-1 不同工作频率三极管常见应用

种 类	频 率	应 用
低频管	小于等于 3 MHz	小信号回路开关及信号放大
中频管	小于 30 MHz,大于 3 MHz	高频振荡、放大电路
高频管	大于等于 30 MHz	射频、通信系统

6.5 金属-氧化物半导体场效应三极管(MOSFET)选型

6.5.1 MOSFET 基本参数

1. 最大漏-源电压

在栅极和源极短接时,最大漏-源额定电压(V_{DSS})是指漏极和源极未发生雪崩击穿前所能施加的最大电压。根据温度的不同，实际雪崩击穿电压可能低于额定 V_{DSS}。

2. 最大栅-源电压

最大栅-源电压（V_{GS}）是栅极和源极两极间可以施加的最大电压。设定该额定电压的主要目的是防止电压过高导致的栅氧化层损伤。实际栅氧化层可承受的电压远高于额定电压，但是会随制造工艺的不同而改变，因此保持 V_{GS} 在额定电压以内可以保证应用的可靠性。

3. 连续漏电流

连续漏电流（I_D）定义为芯片在最大额定结温 $T_{J(max)}$ 下，管表面温度在 25 ℃ 或者更高温度下，可允许的最大连续直流电流。

4. 脉冲漏极电流

脉冲漏极电流（I_{DM}）反映了器件可以处理的脉冲电流的大小，脉冲电流要远高于连续的直流电流。

5. 容许沟道总功耗

容许沟道总功耗（P_D）标定了器件可以消散的最大功耗，可以表示为最大结温和管壳温度为 25 ℃ 时热阻的函数。

6.5.2 MOSFET 种类

MOSFET 从导电沟道来分，可以分为 N 沟道和 P 沟道两种，无论是 N 沟道还是 P 沟道，又可以分为增强型和耗尽型。N 沟道的 MOS 管通常简称为 NMOS，P 沟道的 MOS 管简称为 PMOS。

一般认为 MOSFET 属于电压型器件，导通时不需要电流，只要 V_{GS} 提供一定的电压就可以导通了。对于 N 沟道增强型的 MOS 管，当 V_{GS} 大于一定值时就会导通。V_{GS} 一般为 2～4 V。

MOSFET 常用于功率器件驱动，常作为电子开关使用。例如驱动发光二极管（见图 6-5-1）、驱动电机等。

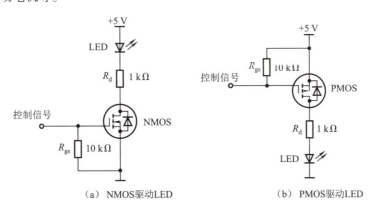

图 6-5-1　MOSFET 驱动发光二极管

6.6 运算放大器选型

6.6.1 运算放大器基本参数

1. 失调电压

将运算放大器（简称运放）输入端接地，理想运放输出为零，但实际的运放输出不为零。将实际运放的输出电压除以增益所得到的等效输入电压称为失调电压（V_{os}）。V_{os}受温度和电源波动影响。

2. 偏置电流

当运放输出直流电压为零时，运放两个输入端流进或者流出直流电流的平均值即为偏置电流（I_B）。双极型工艺运放的输入偏置电流为 ±10 nA～1 μA；场效应管作为输入级，输入偏置电流一般低于 1 nA。

3. 失调电流

当运放输出直流电压为零时，运放两个输入端流进或者流出直流电流的差值即为失调电流（I_{os}）。

4. 增益带宽积

增益带宽积是运放带宽及其相应增益的乘积。对于某一型号的运放的增益带宽积（GBW）为定值，放大倍数越大，允许通过的信号频率越小。

5. 共模抑制比

共模抑制比（CMRR）是运放对差模信号的电压放大倍数 A_{ud} 与对共模信号的电压放大倍数 A_{uc} 之比。共模抑制比反映放大电路抑制共模信号及放大差模信号的能力，抑制共模输入的干扰信号提高信噪比。

6. 转换速率

转换速率（SR）也称为压摆率，将一个大信号（包括阶跃信号）输入至运放输入端，运算放大器输出电压的上升速率，单位通常为 V/s、V/ms、V/μs。转换速率评价运放对信号变化速度的适应能力，是衡量运放在大幅度信号作用时工作速度的参数。当输入信号变化斜率的绝对值小于 SR 时，输出电压才按线性规律变化。

6.6.2 运算放大器种类

运算放大器种类繁多，应用非常广泛。一般可分为以下几类：

1. 通用型运算放大器

通用型运算放大器就是以通用为目的而设计的。这类器件的主要特点是价格低廉、产品量大面广，其性能指标适合一般性使用。例如，LM741（单运放）、LM358（双运放）、LM324（四运放），它们是目前应用较为广泛的集成运算放大器。

2. 精密运算放大器

精密运算放大器一般指失调电压低于 1 mV 的运放，对于直流输入信号，输入失调电压（V_{OS}）和它的温度漂移小即可，但对于交流输入信号，还必须考虑运放的输入电压噪声和输入电流噪声，在很多应用情况下输入电压噪声和输入电流噪声显得更为重要。

在传感器类型和（或）其使用环境带来许多特别要求时，例如超低功耗、低噪声、零点漂移、轨到轨输入及输出、可靠的热稳定性等，运算放大器的选择就会变得特别困难。精密运算放大器的性能比一般运放好很多，比如开环放大倍数更大，CMRR 更大，GBW、SR 一般比较小，失调电压或失调电流比较小，温度漂移小，噪声低，等等。好的精密运放的性能远不是一般运算放大器可以比的，一般运放的失调往往是几毫伏，而精密运放可以小到 1 μV 的水平。最常用的精密运放是 OP07 以及它的家族 OP27、OP37、OP177、OPA2333。

3. 高阻型集成运算放大器

高阻型集成运算放大器的特点是差模输入阻抗非常高，输入偏置电流非常小。常见的集成器件有 LF356、LF355、LF347（四运放）及更高输入阻抗的 CA3130、CA3140 等。

4. 低温度漂移型运算放大器

在精密仪器、弱信号检测等自动控制仪表中，总是希望运算放大器的失调电压要小且不随温度的变化而变化。低温度漂移型运算放大器就是为此而设计的。常用的高精度、低温度漂移型运算放大器有 OP07、OP27、AD508 及由 MOSFET 组成的斩波稳零型低漂移器件 ICL7650 等。

5. 高速型运算放大器

高速型运算放大器在快速 A/D 和 D/A 转换器、视频放大器中，要求集成运算放大器的转换速率高，单位增益带宽大，像通用型集成运放是不适合高速应用场合的。高速型运算放大器的主要特点是具有高的转换速率和宽的频率响应。常见的运算放大器有 LM318、mA715 等。

6. 低功耗型运算放大器

随着便携式仪器应用范围的扩大，必须使用低电压供电、低功率消耗的运算放大器与之相适应。常用的运算放大器有 TL-022C、TL-060C 等，其工作电压为 ±2 ~ ±18 V，消耗电流为 50 ~ 250 mA。目前有的产品功耗已达微瓦级，例如，ICL7600 的供电电源为 1.5 V，功耗为 10 mW，可采用单节电池供电。

7. 高压大功率型运算放大器

高压大功率型运算放大器的输出电压主要受供电电源的限制。在普通的运算放大器中，输出电压的最大值一般仅几十伏，输出电流仅几十毫安。若要提高输出电压或增大输出电流，集成运放外部必须加辅助电路。高压大电流集成运算放大器外部不需附加任何电路，即可输出高电压和大电流。例如，D41 集成运放的电源电压可达 ±150 V，mA791 集成运放的输出电流可达 1 A。

第 7 章

实验

7.1 实验背景

7.1.1 系统简介

图 7-1-1（a）所示为包装生产实训系统，它具有在线质检、包装加工和仓储物流的生产功能，又是一个具有真实情境的工业技术综合实训系统。常用于食品、药品、保健品以及化妆品等盒装产品的包装生产环节，也是机、电、测、控，以及工业工程、质量工程等专业本科生和研究生进行多层次工程技术训练、毕业设计和课外科技的工业化综合实践平台。整个生产线包括 7 个设备，设备结构示意图如图 7-1-1（b）所示，俯视图如图 7-1-2 所示。

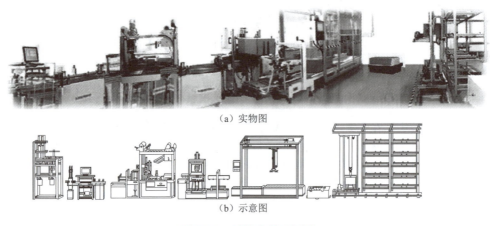

（a）实物图

（b）示意图

图 7-1-1 系统布局正视图

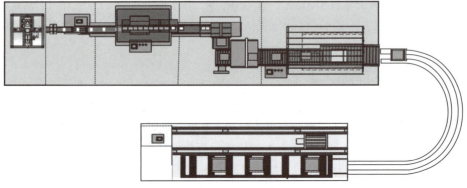

图 7-1-2 系统布局俯视图

7.1.2 系统设备功能

包装生产实训系统主要包括装盒机、检重分选机、中包机、装箱机、码垛机、运料小车、立体仓库等，如图 7-1-3 所示。其中：

（1）装盒机、中包机和装箱机是集装型的包装加工设备。

（2）检重分选机是一种包装辅助机械，是为保证包装的是质量合格的产品，其流程监控环节可以进行产品计数、传送状态检测，产品信息采集和统计分析操作。

（3）为适应高速包装加工环节，现代包装生产车间常配备物料搬运设备，使自动化包装生产线和仓储系统连成一体。立体仓库的每一个仓储单元采用托盘码放货物，因此需要用三维码垛机将物料预先在托盘上码放好。

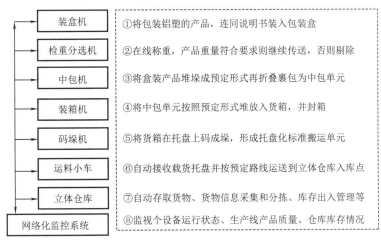

图 7-1-3 系统设备功能

（4）立体仓库主要实现货物的存取控制、库存管理和自动分拣操作。运料小车用于把暂存散货搬运到立体仓库，或者把从立体仓库出库的货物运送到配货处。实例中运料小车主要工作是在码垛机和立体仓库之间进行货物运送。一般在大型仓储系统中还需要添加一些温湿度检测和防火、防盗安防设施。

（5）为便于协调整个生产线的包装和仓储流程，系统采用现场总线网络，将 6 个分布式单机设备的控制系统连接在一起，组成了一个网络化监控系统，完成整个生产系统产品信息、设备状态和生产过程的监控。

7.1.3 系统设备类型

从制造操作来看，自动包装生产设备包括包装机、输送储存设备、控制系统和检测装置，如图 7-1-4 所示。

（1）包装机是包装线的基本加工设备，输送储存设备可以是包装过程进行物料处理的辅助装置，如下盒装置、架箱装置和传送带、滚轴输送装置，也可以是多功能的物流自动化装置，如运料小车和自动化立体仓库，它们依靠自动控制系统来完成工作循环。控制系统控制包装机和物料处理装置，使生产线中各台设备工作同步，即包装速度、输送速度相互协同，还需对机器故障和操作者安全进行控制。

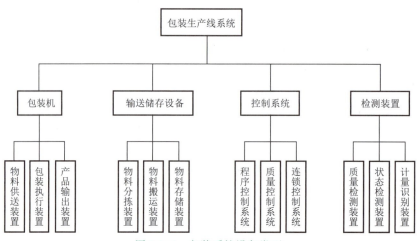

图 7-1-4 包装系统设备类型

（2）在自动包装生产线中，常需要检测装置对物料进行计量、识别，对物料的传送量、姿态和质量进行检测和显示，并根据其特征进行分类整理，从而获得最佳的工作状态，达到包装产量和质量要求的系统，如在线检重和分选装置。

根据上述设备工作流程可以看出，包装生产线的 7 个设备都是多功能的机电设备，每个设备都具有独立的机械和电气控制系统，前机和后机之间还配置了物料输入输出传送装置，可以单独人工送料，也可以全线自动送料，自动完成包装加工。

7.2 案例分析实验

实验 1　包装生产线总体分析

一、实验目的

（1）了解包装生产线、生产物流系统设备组成和工艺流程。
（2）结合现场实际情况分析设备部件组成及功能。

二、实验要求

（1）了解制造工业与生产系统组成、工业自动化形式与作用以及工业系统的技术内涵；预习教材内容，初步了解包装生产线的作用与组成。
（2）完成实验报告及思考题。

三、实验内容（报告）

结合包装生产线、生产物流系统现场参观，认识工业生产大系统的工艺流程、布局和设备组成。完成下表。

设备序号	设备名称	功能及主要自动化装置
1		
2		
3		
4		
5		
6		

四、思考题

（1）该包装生产线属于哪种类型的生产设施？

（2）依照制造产品的特点，该生产线所处的行业领域为第几产业？它属于流程工业还是离散制造业？依照生产方式，它属于连续生产还是分批生产？

（3）根据高级自动化的要求，本包装生产线的自动化水平存在哪些不足？

（4）根据机电装备的组成与技术特点，确定本包装生产线中的出现频率最多的元器件是什么。

实验2 工业装备案例分析

一、实验目的

在对包装生产线总体认识和了解的基础上。进一步了解每一个工业装备的功能与关键技术，了解典型机电一体化设备的系统组成与作用。

二、实验要求

（1）初步了解包装生产线各设备的技术系统组成与作用；在指导教师现场讲解下，各组同学应详细了解各个设备的技术组成与系统结构及主要测控部件、对象、控制器，分析装置功能、了解控制原理与流程；结合装备用测控流程框图说明系统的组成、原理与测控过程。

(2) 完成实验报告及思考题。

三、实验内容（报告）

（一）智能传送系统

（1）主要装置及组成部件：

装置名称	测控对象	传感器	执行器	测控主机	功能/作用
下盒装置					
传送装置					
检重装置					
分选装置					

（2）试用图示和文字描述下盒装置的系统组成与时序控制过程。

（3）结合测控流程框图，描述重量检测与分选控制系统的基本组成、原理与测控过程。

（二）中包机

（1）主要装置及组成部件：

装置名称	测控对象	传感器	执行器	测控主机	功能/作用
堆垛装置					
下膜装置					
折叠裹包膜装置					
热封装置					
安全连锁装置					

（2）试测量包装盒外形尺寸；裹包膜长度计算方法。

(3) 试描述下膜长度的控制原理与系统组成。

(4) 简述监控界面主要功能及设计特点（人性化）。

(三) 装箱机

(1) 主要装置及组成部件：

装置名称	测控对象	传感器	执行器	测控主机	功能/作用
输送装置					
装箱装置					
架箱装置					

(2) 简述自动堆包控制过程。

(四) 码垛机

(1) 主要装置及组成部件：

装置名称	测控对象	传感器	执行器	测控主机	功能/作用
输送装置					
二维定位装置					
抓取码垛装置					
安全连锁装置					

(2) 测量包装箱外形尺寸；试针对 1.2 m×1.0 m 或 1.1 m×1.1 m 规格的码盘设计一种较合适的码垛方式。哪种更合适？

（3）简述码垛定位控制的原理与方法。

（4）简述堆垛抓取装置的组成、工作原理与过程。

（五）运货小车（AGV）

（1）主要装置及组成部件：

装置名称	测控对象	传感器	执行器	测控主机	功能/作用
上货装置					
巡线行走装置					
安全连锁装置					

（2）简述上货控制过程。

（3）简述巡线行走控制的过程。

（六）立体仓库

（1）主要装置及组成部件：

装置名称	测控对象	传感器	执行器	测控主机	功能/作用
货物叉取装置					
二维定位装置					
安全连锁装置					

（2）简述从小车上接货的工作过程。

（3）测绘分析实验室立体仓库的尺寸规格，试针对某个存储仓位画出堆垛机运行轨迹规划示意图，并标明几何尺寸。

（4）简述存货定位控制的工作原理。

四、思考题

（1）针对下料装置的缺点，提出你的改进设想。

（2）针对中包机的切刀装置，提出你的设计构思。

（3）针对装箱机中纸箱开箱方式，提出你的自动化设计构思。

（4）针对码垛机的放盘环节还需手工操作的现状，提出你的自动化设计构思。

7.3 分项实验

实验1 气动控制系统设计实践

一、实验目的

(1) 了解气动元件工作原理,以及正确选型和使用。
(2) 掌握气动基本控制线路的连接方法和注意事项。
(3) 掌握气动基本控制线路的基本设计方法和基本应用。

二、实验要求

(1) 预习气动系统与元件的相关知识,理解其基本工作原理。
(2) 掌握气动控制回路的组成与各个控制阀的控制原理,普通气缸基本应用计算方法。
(3) 完成实验报告及思考题。

三、实验内容

(1) 设计气动实验原理图,并连接实现基本的气动控制线路。
(2) 完成方向控制阀,观察体会二位三通与二位五通方向控制阀对气缸控制的不同特点。
(3) 调节单向节流阀,观察体会其对气缸运动的影响。

四、实验原理

电磁阀利用电磁线圈通电时,静铁芯对于动铁芯产生电磁吸力,使阀芯切换位置以改变气流方向。这种阀便于实现电、气联合控制。本实验采用二位三通电磁阀。该类电磁阀分为常闭型和常开型两种。常闭型指线圈没通电时气路是断的。常开型指线圈没通电时气路是通的。常闭型两位三通电磁阀动作原理:给线圈通电,气路接通,线圈一旦断电,气路就会断开。常开型两位三通电磁阀动作原理:给线圈通电,气路断开,线圈一旦断电,气路就会接通,相当于点动控制。

五、思考题

(1) 针对同一种双作用气缸而言,比较说明二位三通与二位五通方向控制阀在使用和气路方面的不同特点。

(2) 简述单向节流阀在气路控制方面的作用。

实验 2　单片机最小系统硬件认知

一、实验目的

（1）掌握单片机最小系统板原理。
（2）掌握实验电路的原理图及 PCB 设计图。

二、实验要求

（1）实验前复习单片机最小系统相关知识。
（2）实验前复习 C51 程序设计相关知识。
（3）完成实验报告及思考题。

三、实验内容

（1）根据原理图，完成电路板的焊接和认知。
（2）完成实验板的上电测试、测试程序的下载。元器件焊接顺序及电路原理图见附录 A。

四、实验原理

（一）焊接完毕后上电调试

（1）使用电阻挡测量单片机 40 引脚与 20 引脚阻抗为 1 kΩ 以上，则可以连接 12 V 电源适配器或者通过红黑两个鳄鱼夹接入直流 9～12 V 电源。

（2）确认电源。电路板可以由 12 V 电源适配器供电或 ISP 下载线供电。电路板也可以通过外接鳄鱼夹输出电压 12 V 电源给放大板供电。由 12 V 电源适配器供电时，电路板左上角的开关打到"ON"，则电路板左下角的 12 V 和 5 V 的指示灯都亮；当由 ISP 下载线供电时，打开右下角的开关，则只有 5 V 的指示灯亮。

（3）测量单片机 40 引脚与 20 引脚电压（5 V）。TLC2543 的 20 引脚与 10 引脚电压为（5 V）。

（4）基准电压调试：调节 R14，测试 TLC2543 芯片右边 Uref 两个焊盘时间的电压为 4.096 V。当不需要可调的基准电压时，可以短路 TL431 背面的两个焊盘，此时基准电压约为 2.500 V。

（5）调节电路板左下角的 R16，使液晶屏的对比度最合适，文字显示最清晰。

（二）程序烧写

项目提供的烧写器一端为 USB 接口与计算机相连，同时可以给单片机提供 5 V 电源；另一端为 DB10 插座，与实验板的 P7 相连。下载软件选用 STCISPV4.88，首先安装下载器的驱动程序。打开 STCISP 文件，如图 7-3-1 所示，程序下载步骤如下：

（1）选择单片机型号，检查芯片型号是否与实际使用的一致。
（2）单击"打开程序文件"按钮，找到要下载的".hex"文件。
（3）单击"Download/下载"按钮，如果只使用下载器提供电源，则会自动冷启动下载程序。如果只是用外部 12 V 电源适配器供电，则需要有人工断电、重新上电的过程，方可下载程序。

下载时应注意：

①当计算机休眠被唤醒后，应该重新插拔一下下载器，否则无法下载程序。

②COM 口会随 ISP-usb 下载器插入的 USB 口而变化。

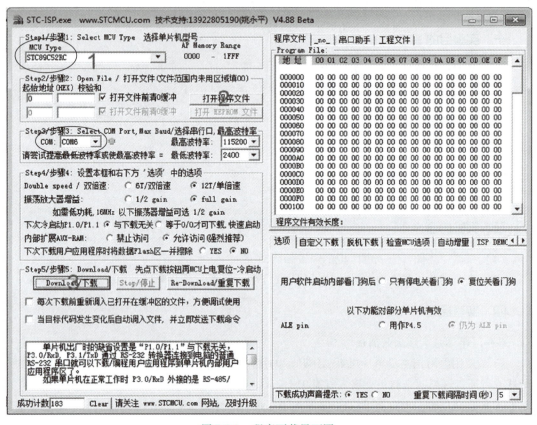

图 7-3-1 程序下载界面图

(三) 程序下载

启动 Keil μVision4 软件，单击 Project 菜单；打开工程样例程序文件 ECP. uvproj，其中包含了板子的自检程序 board_ test. c 文件，编译下载 ECP. hex 并运行。

观察板子，应呈现出以下功能，否则检查硬件是否虚焊或错焊：

（1）蜂鸣器鸣叫两声。
（2）显示一幅图像。
（3）测试各个模块。
（4）继电器测试，能听到吸合声。
（5）工作状态指示 LED 测试：依次点亮、熄灭。

五、思考题

C51 与汇编语言比较，分别有什么优缺点？

实验 3　按键设定与显示实验

一、实验目的

（1）熟悉 C51 编程。
（2）掌握按键程序的编写。
（3）掌握液晶模块的显示程序的编写。

二、实验要求

（1）自主完成相关程序设计。
（2）完成实验报告及思考题。

三、实验内容

（1）编写程序，在第一行显示"称重第 01 组"，在其他行显示"标称值 20 g"等字样；或者在第一行显示"气压第 01 组"，在其他行显示"标称值 300 kPa"等字样。

（2）编写程序，当 KEY1 按下时，显示的标称值加 1，如 20 g 变为 21 g；按下 KEY2 时，显示的标称值减 1；按下 KEY3 时，显示的标称值复原到 20 g。

四、实验原理

（一）LCD 显示实验

主要掌握液晶驱动程序中的显示函数的调用方法。显示函数如下：

```
/* - - - - - - - - - - - - - - - - - - - - - - - - - - - - - - - -
显示字符串
x: 横坐标的值，范围 1 - 8
y: 纵坐标的值，范围 1 - 4
- - - - - - - - - - - - - - - - - - - - - - - - - - - - - - - - */
void LCD_ PutString (unsigned char x, unsigned char y, unsigned char * s)
{
    switch (y)
    {
        case 1: Write_ Cmd (0x7F + x); break;
        case 2: Write_ Cmd (0x8F + x); break;
        case 3: Write_ Cmd (0x87 + x); break;
        case 4: Write_ Cmd (0x97 + x); break;
        default: break;
    }
    while (*s > 0)
    {
        Write_ Data (*s);
        s + +;
    }
}
```

（二）按键程序

```
if (KEY1 ==0)
{
    BEEP = 0;
    DelayMs(20); //防抖
    BEEP = 1;
    if (KEY1 ==0)
    {
        stand_weight ++;
        if (stand_weight >100)
        {
            stand_weight =100;
        }
    }
    while (KEY1 ==0); //等待按键松开，防止连续 + +
}
```

五、思考题

单片机按键读取有哪几种方法？试写成相应的驱动程序。

实验 4　单片机串行 A/D 采样

一、实验目的

(1) 熟悉 A/D 转换工作原理。
(2) 掌握资料查询、阅读芯片使用手册的能力。
(3) 掌握 TLC2543 串行 A/D 进行模数转换程序设计。

二、实验要求

(1) 自主完成相关程序设计。
(2) 完成实验报告及思考题。

三、实验内容

(1) 查询、阅读 TLC2543 数据手册。
(2) 程序设计，通过单片机的 I/O 口控制串行 A/D 转换芯片实现电压信号的采集。
(3) 连接线路，调整 TLC2543 的输入参考电压。
(4) 单通道 A/D 转换实验。

四、实验原理

（一）TLC2543 资料简介

(1) 12 位解析度（4 096 bit）的 A/D 转换器。

（2）11 个模拟通道输入。

（3）3 种内建自测模式。

（4）固有的采样-保持功能。

（5）总的未经调整误差：±1 LSB。

MSB 是一个 N 位二进制数字中最左边的位，LSB 是最右边的位，这个位的权最小。将 LSB 定义为 4 096 bit 个解析值中的一个，对于我们的理解是有好处的。假设需要转换的电压输入范围为 0 ~ 4.096 V，则总误差 = ±1 LSB = ±1 mV，失调误差 = ±3 LSB = ±3 mV，增益误差 = ±5 LSB = ±5 mV。

请查询 TLC2543 数据手册了解详细信息。

（二）参考电压电路设计

本最小系统板采用 TL431A 提供可调的基准电源，参考电路如图 7-3-2 所示。基准电压调节方法：转动电位器，测量 TL431A 第 3 脚的电压，应该在 2.5 ~ 5 V 之间可调。调整在一个合适的值，比如 4.096 V（4.096 V/2^{12} 为 A/D 能采集到的最小电压量）。

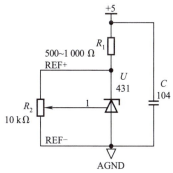

图 7-3-2　TL431A 的电气连接图

（三）TLC1543 转换时序图

该 10 位转换精度原理与 TLC2543 类似，如图 7-3-3 所示，可理解各信号之间的时序关系。

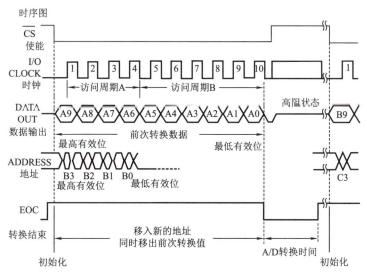

图 7-3-3　TLC1543 转换时序图

当软件设置片选为有效时,首先设置选通通道,读取高三位 A9,A8,A7,再读取 A7 ~ A0。当读取完毕后,EOC 输出低电平,表示一次转换完毕。为了确保数据转换的时序,CLOCK 信号为软件手动设置脉冲。采集完毕后,将高三位和低八位进行拼字,得到最终采样结果值。

(四)TLC1543 程序流程(见图 7-3-4)。

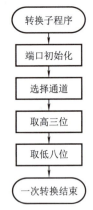

图 7-3-4　TLC1543 程序流程图

(五)TLC2543 参考例程

```
/* - - - - - - - - - - - - - - - - - - - - - - - - - - - - - - - - - - - - -
调用方式:uint read2543(uchar port)
函数说明:read2543()返回 12 位 AD 芯片 TLC2543 的 port 通道采样值。
- - - - - - - - - - - - - - - - - - - - - - - - - - - - - - - - - - - - -*/
#include <AT89X52.h>
#include <INTRINS.h>      //包含 NOP 指令
#include <system.h>
/* 短暂延时*/
void delay2543 (uchar n)
{
    uchar i;
    for(i =0; i <n; i ++)
    {
        _nop_();
    }
}

uint read2543(uchar port)
{
    uint ad =0, i;
    CLOCK =0;
    _CS =0;
    port << =4;
    for(i =0;i <12;i ++)
    {
```

```
            if (D_OUT) ad |=0x01;
            D_IN =(bit) (port&0x80);
            CLOCK =1;
            delay2543(3);
            CLOCK =0;
            delay2543(3);
            port <<=1;
            ad <<=1;
        }
        _CS =1;
        ad >>=1;
        return(ad);
}
```

（六）常见问题分析

（1）分别读取 TLC2543 第 11 通道和 13 通道的 AD 值并显示，如果此值乱跳，则是由于 TLC2543 的参考电压源 TL431A 不稳引起的。

（2）为了方便前期的模拟量采集程序编写与调试，要求大家设计一个 5 V 分压电路，能够为 AD 采集通道（A0~A8）提供模拟放大器输出的称重电压信号（比如 0.5~2.5 V）

（3）分压后的电压接入 TLC2543 的任一通道。编写程序，在 LCD 上显示该电压，如：$V=2.345\text{ V}$，并用万用表测量该电压，两者应该很接近。如果显示的数字乱跳，再想办法解决。

五、思考题

（1）计算 AD 能采集到的最小电压量是多少毫伏？举例说明。

（2）为什么基准电压要调节在一个合适的值，比如 4.096 V？

（3）编程实现 AD 采样电压值后，将电压值显示在 LCD 屏上。电压测量精度至少为 0.1 V。

（4）增加去皮程序，即显示的电压值为采集值减去空载时的电压值。

实验5 单片机控制实验

一、实验目的

(1) 掌握用弱电控制强电的方法。
(2) 掌握用继电器控制电磁阀的方法。
(3) 掌握单片机控制 LED 灯和蜂鸣器的方法。

二、实验要求

(1) 自主完成相关程序设计。
(2) 完成实验报告及思考题。

三、实验内容

(1) 程序设计,通过单片机的 I/O 口控制机电器吸合、松开。
(2) 电路连线,采用单片机的 I/O 口控制电磁阀的开关与闭合。
(3) 程序设计,采用单片机的 I/O 口控制 LED 灯的亮灭。
(4) 程序设计,采用单片机的 I/O 口控制蜂鸣器发声。

四、实验原理

(一) 单片机的 I/O 口控制继电器的原理

如图 7-3-5 所示,继电器由 Q_2 三极管驱动,当 P3.6 = 1 时,三极管截止,继电器的线圈不得电,继电器的 3-6 引脚闭合、1-3 引脚断开;当 P3.6 = 0 时,三极管饱和导通,继电器的线圈得电,继电器的 3-6 引脚断开、1-3 引脚闭合。继电器的 1、3、6 引脚可以接强电实现通断控制。

(二) 单片机控制电磁阀的方法

如图 7-3-6 所示,单片机的 P3.6 = 0 时,继电器的 1-3 引脚导通,电磁阀得电吸合,吹嘴吹出高压气或者切断气源的输出或者电动机转动。

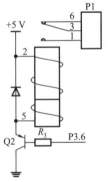

图 7-3-5 单片机的 I/O 控制继电器

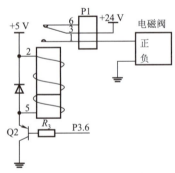

图 7-3-6 单片机控制电磁阀原理

(三) 单片机控制蜂鸣器和 LED 灯的方法

如图 7-3-7 所示,单片机控制蜂鸣器和 LED 灯,都是低电平有效,高电平无效。

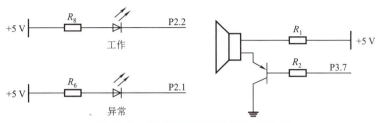

图 7-3-7 单片机控制蜂鸣器和 LED 灯

（四）实验数据记录

（1）控制继电器和电磁阀。

单片机 I/O 口状态	继电器吸合与否	电磁阀通与断	是否有高压气输出
P3.6 = 1			
P3.6 = 0			

（2）控制蜂鸣器和 LED 灯

单片机 I/O 口状态	现象	单片机 I/O 口状态	现象
P2.2 = 1		P2.2 = 0	
P2.1 = 1		P2.1 = 0	
P3.7 = 1		P3.7 = 0	

五、思考题

根据单片机的 I/O 口控制继电器的原理，改进单片机的 I/O 口控制 LED 电路，提高电路可靠性。

实验 6　数字滤波算法 C51 实现

一、实验目的

掌握常用数字滤波算法的 C51 语言实现。

二、实验要求

（1）自主完成相关程序设计。
（2）完成实验报告及思考题。

三、实验内容

（1）基于单片机，采用 C51 语言实现限幅滤波算法。
（2）基于单片机，采用 C51 语言实现算术平均滤波算法。

（3）基于单片机，采用 C51 语言实现低通滤波算法。
（4）下载程序至最小系统板，并接入传感器信号，测试上述三种算法效果，调节滤波参数，分析滤波参数影响。
（5）根据实验数据，比较上述几种算法的优缺点。

四、实验原理

参照第 4 章 4.1。

五、思考题

常用滤波算法有哪些？各算法的优缺点是什么？

实验 7　滤波电路设计实验

一、实验目的

掌握基于 Filter Pro 的硬件滤波电路设计。

二、实验要求

（1）完成相应电路设计与仿真。
（2）完成实验报告及思考题。

三、实验内容

（1）基于 Filter Pro 软件设计一阶有源低通滤波电路。
（2）采用 Multisim 或 Altium Design 软件，对滤波电路进行仿真。
（3）完成 50 Hz 低通滤波电路制作，实测滤波效果，比较仿真和实测效果。

四、实验原理

滤波电路原理请参考相应教材，滤波软件使用步骤如下：

第一步：选择滤波器种类，根据实际需求，选择高通、低通、带通、带阻等滤波器类型，如图 7-3-8 所示。

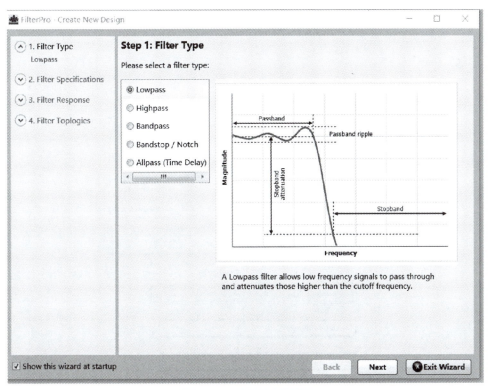

图 7-3-8　选择滤波器种类

第二步：设定滤波参数，包括增益、带宽、阻带频率等，如图 7-3-9 所示。

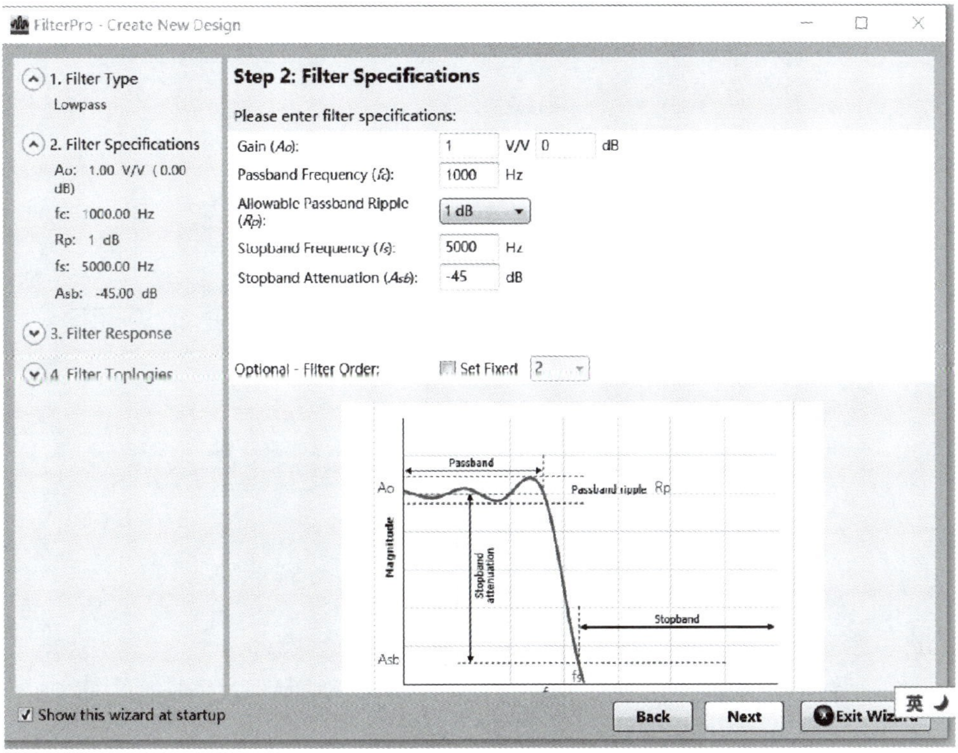

图 7-3-9　设定滤波参数

第三步：选择滤波响应，可选择不同类型滤波器（贝塞尔、巴特沃斯等），同时也可设计滤波阶数，如图 7-3-10 所示。

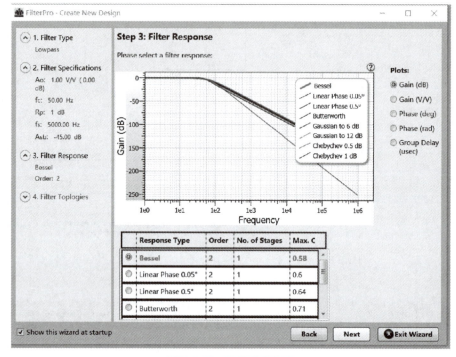

图 7-3-10　选择滤波响应

第四步：选择滤波电路类型，确定电路原理图，如图 7-3-11 所示。

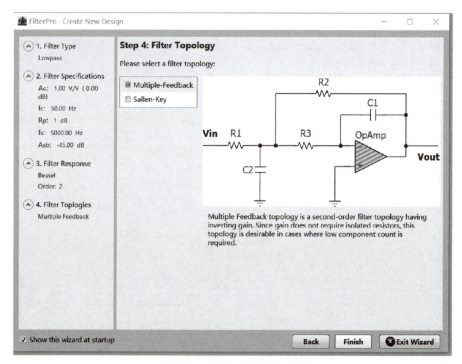

图 7-3-11　选择滤波电路类型

第五步：根据实际情况，修改电阻、电容值，完成电路仿真，如图 7-3-12 所示。

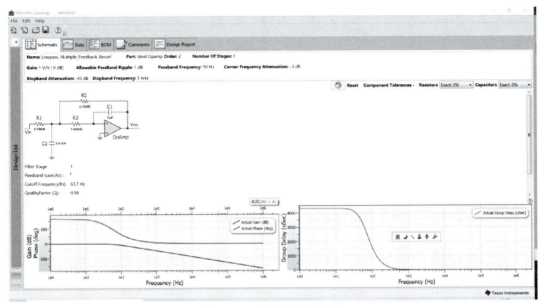

图 7-3-12　修改电阻电容值

第六步：绘制 PCB，并完成 PCB 打样。
第七步：接入信号发生器信号，调节信号频率，并采用示波器，观察滤波效果。

五、思考题

（1）滤波器设计过程中，涉及哪些主要参数？其定义是什么？

（2）比较仿真结果与实测结果之间的差异，分析原因。

7.4 综合实验

实验 1 智能检重分选实验

一、实验目的

了解包装物流生产线相关关键技术。

二、实验要求

（1）组队并确定实验方案设计。
（2）资料查询，并完善实验方案，形成实验开题报告。
（3）分工完成实验。
（4）系统整体功能演示与验收。
（5）提交设计报告，并完成答辩。

三、实验内容

智能检重分选综合实验平台是药品包装物料生产线实验系统的子平台，实现生产线药盒在线实时称重，并完成质量不合格产品剔除的功能，同时具有显示产品数量、总质量、有效质量、剔除质量等生产数据等功能。根据生产线实际需求，实验内容主要分为传送模块、动态称重模块、产品剔除模块、计算机系统组成，如图 7-4-1 所示。

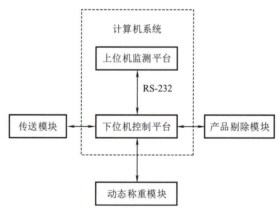

图 7-4-1 实验系统组成

智能检重分选实验为综合类实验，共 20 学时，由学生分组合作完成。一般每组成员为 4 人左右，分别完成结构、电路、软件相关设计，最终完成上述内容整合，实现智能检重分选系统。各模块具体实验内容如图 7-4-2 所示。

（一）结构设计

在观察现有生产线的基础上，测量安装尺寸，利用 CAD 软件完成传送带与动态称重装置的结构设计与仿真。最终采用 3D 打印技术，完成主要零部件的加工，装配。

(二）上位机监测程序设计

上位机检测平台主要完成人机界面设计、信息化管理等功能。实现质量数据实时显示、质量校准、参数设定、数据统计、查询、通信等功能。

(三）下位机控制系统设计

根据专业的不同，选择嵌入式控制器或可编程控制器（PLC）完成下位机控制系统及程序设计。

(四）电路设计

电类专业学生，实验重点为电路原理分析、设计，PCB 设计与加工、焊接、调试。非电类专业学生，实验重点为了解电路模块工作原理，并设计该模块的驱动程序。根据自身学习基础，选择设计方向，完成设计。

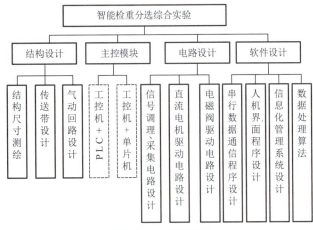

图 7-4-2　实验内容

四、实验原理

（一）结构设计

智能检重分选平台为包装物流生产线重要组成部分，本实验在原有智能检重分选系统的基础上，重新设计。因此，其安装尺寸相对固定。本实验在测绘原有系统安装尺寸的基础上，实习系统结构重新设计，结构可参考原有系统结构。

（二）电阻应变式称重传感器原理

弹性体（弹性元件、敏感梁）在外力作用下产生弹性变形，使粘贴在它表面的电阻应变片（转换元件）也随同产生变形，电阻应变片变形后，它的阻值将发生变化（增大或减小），再经相应的测量电路把这一电阻变化转换为电信号（电压或电流），从而完成了将外力变换为电信号的过程。

（三）电路设计

1. 仪表运放

仪表放大器是一种精密差分电压放大器，把关键元件集成在放大器内部，其独特的结构使它具有高共模抑制比、高输入阻抗、低噪声、低线性误差、低失调漂移增益、设置灵活和使用方便等特点，使其在数据采集、传感器信号放大、高速信号调节、医疗仪器和高档音响设备等方面备受青睐。与运算放大器不同之处是运算放大器的闭环增益是由反相输入端与输出端之间连接的外部电阻决定，而仪表放大器则使用与输入端隔离的内部反馈电阻网络。仪表放大器的 2 个差分输入端施加输入信号,其增益即可由内部预置,也可由用户通过引脚内部设置或者通过与输入信号隔离的外部增益电阻预置。仪表运放成本较高。

2. 放大电路设计

1) 普通差分放大电路设计

差分放大电路具有电路对称性的特点,可以起到稳定工作点的作用,被广泛用于直接耦合电路和测量电路的输入级。本实验提供一种采用常规运算放大器,自制差分运放电路,其原理图如图 7-4-3 所示。其输入输出方程为:$e_o = C(1+a+b)(e_2-e_1)$。

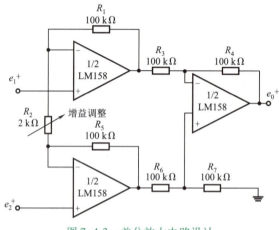

图 7-4-3　差分放大电路设计

2) 基于 HX711 的称重信号采集电路设计

HX711 是一款专为高精度称重传感器而设计的 24 位 A/D 转换器芯片。与同类型其他芯片相比,该芯片是专门为称重传感器设计的,称重传感器只需要一个 HX711 芯片即可完成称重信号的处理及 A/D 转换;对于单片机来说,获取此刻的质量值,只需一个简单函数读取此时 AD 值,并通过一个线性方程的转换后即可获取此时物体的精确质量。其典型电路图如图 7-4-4 所示。HX711 详细原理及应用请查询并参考数据手册。

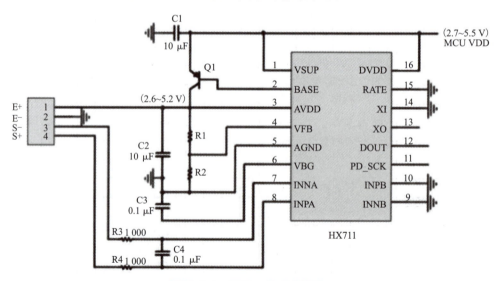

图 7-4-4　HX711 典型电路图

3. 低通滤波电路设计

滤波电路常用于滤去输出电压中的干扰信号，一般由电抗元件组成，如在负载电阻两端并联电容器 C，或与负载串联电感器 L，以及由电容器、电感器组合而成的各种复式滤波电路。一般分为有源滤波与无源滤波。无源滤波电路的结构简单，易于设计，但它的通带放大倍数及其截止频率都随负载而变化，因而不适用于信号处理要求高的场合。有源滤波电路的负载不影响滤波特性，因此常用于信号处理要求高的场合。有源滤波电路一般由 RC 网络和集成运放组成，因而必须在合适的直流电源供电的情况下才能使用，同时还可以进行放大。

4. 主控模块选择

根据小组成员专业基础，选择单片机、PLC 或工控机，并在此基础上完成相应的程序设计。

5. 上位机软件设计

上位机软件包括人机界面设计、信息化管理系统、数据滤波算法、串口通信程序等部分。人机界面功能机及数据滤波算法可结合主控模块功能，分工完成相应的功能。

1）串口程序设计

串口通信（Serial Communication），是指外设和计算机间，通过数据信号线按位进行传输数据的一种通信方式。串口是一种接口标准，它规定了接口的电气标准，没有规定接口插件电缆以及使用的协议。串口按字符一位一位地传输，并且传输一个字符时，总是以"起始位"开始，以"停止位"结束，字符之间没有固定的时间间隔要求。

2）C#中采用 SerialPort 实现串口通信

（1）实例化 SerialPort：

```
private SerialPort ComDevice = new SerialPort ();
```

（2）初始化参数绑定接收数据事件：

```
public void init ()
{
    btnSend.Enabled = false;
    cbbComList.Items.AddRange (SerialPort.GetPortNames ());
    if (cbbComList.Items.Count > 0)
    {
        cbbComList.SelectedIndex = 0;
    }
    cbbBaudRate.SelectedIndex = 5;
    cbbDataBits.SelectedIndex = 0;
    cbbParity.SelectedIndex = 0;
    cbbStopBits.SelectedIndex = 0;
    pictureBox1.BackgroundImage = Properties.Resources.red;
    ComDevice.DataReceived + = new SerialDataReceivedEventHandler (Com_ DataReceived);
}
```

（3）打开串口：

```
// 打开串口
private void btnOpen_ Click (object sender, EventArgs e)
{
```

```csharp
        if (cbbComList.Items.Count <= 0)
        {
            MessageBox.Show("没有发现串口,请检查线路!");
            return;
        }

        if (ComDevice.IsOpen == false)
        {
            ComDevice.PortName = cbbComList.SelectedItem.ToString();
            ComDevice.BaudRate = Convert.ToInt32(cbbBaudRate.SelectedItem.ToString());
            ComDevice.Parity = (Parity)Convert.ToInt32(cbbParity.SelectedIndex.ToString());
            ComDevice.DataBits = Convert.ToInt32(cbbDataBits.SelectedItem.ToString());
            ComDevice.StopBits = (StopBits)Convert.ToInt32(cbbStopBits.SelectedItem.ToString());
            try
            {
                ComDevice.Open();
                btnSend.Enabled = true;
            }
            catch (Exception ex)
            {
                MessageBox.Show(ex.Message, "错误", MessageBoxButtons.OK, MessageBoxIcon.Error);
                return;
            }
            btnOpen.Text = "关闭串口";
            pictureBox1.BackgroundImage = Properties.Resources.green;
        }
        else
        {
            try
            {
                ComDevice.Close();
                btnSend.Enabled = false;
            }
            catch (Exception ex)
            {
                MessageBox.Show(ex.Message, "错误", MessageBoxButtons.OK, MessageBoxIcon.Error);
            }
            btnOpen.Text = "打开串口";
            pictureBox1.BackgroundImage = Properties.Resources.red;
        }
```

```csharp
cbbComList.Enabled = ! ComDevice.IsOpen;
cbbBaudRate.Enabled = ! ComDevice.IsOpen;
cbbParity.Enabled = ! ComDevice.IsOpen;
cbbDataBits.Enabled = ! ComDevice.IsOpen;
cbbStopBits.Enabled = ! ComDevice.IsOpen;
}
```

(4) 发送数据:

```csharp
/// 发送数据
public bool SendData (byte [] data)
{
    if (ComDevice.IsOpen)
    {
        try
        {
            ComDevice.Write (data, 0, data.Length); //发送数据
            return true;
        }
        catch (Exception ex)
        {
            MessageBox.Show (ex.Message,"错误", MessageBoxButtons.OK, MessageBoxIcon.Error);
        }
    }
    else
    {
        MessageBox.Show ("串口未打开","错误", MessageBoxButtons.OK, MessageBoxIcon.Error);
    }
    return false;
}
// 发送数据 button 事件
private void btnSend_Click (object sender, EventArgs e)
{
    byte [] sendData = null;

    if (rbtnSendHex.Checked)
    {
        sendData = strToHexByte (txtSendData.Text.Trim ());
    }
    else if (rbtnSendASCII.Checked)
    {
        sendData = Encoding.ASCII.GetBytes (txtSendData.Text.Trim ());
    }
```

```csharp
            else if (rbtnSendUTF8.Checked)
            {
                sendData = Encoding.UTF8.GetBytes (txtSendData.Text.Trim ());
            }
            else if (rbtnSendUnicode.Checked)
            {
                sendData = Encoding.Unicode.GetBytes (txtSendData.Text.Trim ());
            }
            else
            {
                sendData = Encoding.ASCII.GetBytes (txtSendData.Text.Trim ());
            }

            if (this.SendData (sendData))  //发送数据成功计数
            {
                lblSendCount.Invoke (new MethodInvoker (delegate
                {
                    lblSendCount.Text = (int.Parse (lblSendCount.Text) + txtSendData.Text.Length).ToString ();
                }));
            }
            else
            {

            }

        }
        /// 字符串转换十六进制字节数组
        private byte [] strToHexByte (string hexString)
        {
            hexString = hexString.Replace (" ","");
            if ((hexString.Length % 2) != 0)
                hexString += " ";
            byte [] returnBytes = new byte [hexString.Length / 2];
            for (int i = 0; i < returnBytes.Length; i++)
                returnBytes [i] = Convert.ToByte (hexString.Substring (i * 2, 2).Replace (" ",""), 16);
            return returnBytes;
        }
```

（5）接收与数据输出：

```csharp
// 接收数据
private void Com_DataReceived (object sender, SerialDataReceivedEventArgs e)
{
    byte [] ReDatas = new byte [ComDevice.BytesToRead];
```

```csharp
            ComDevice.Read (ReDatas, 0, ReDatas.Length);   //读取数据
            this.AddData (ReDatas);                         //输出数据
        }
        //添加数据
        public void AddData (byte [] data)
        {
            if (rbtnHex.Checked)
            {
                StringBuilder sb = new StringBuilder ();
                for (int i = 0; i < data.Length; i + +)
                {
                    sb.AppendFormat ("{0: x2}" + " ", data [i]);
                }
                AddContent (sb.ToString ().ToUpper ());
            }
            else if (rbtnASCII.Checked)
            {
                AddContent (new ASCIIEncoding ().GetString (data));
            }
            else if (rbtnUTF8.Checked)
            {
                AddContent (new UTF8Encoding ().GetString (data));
            }
            else if (rbtnUnicode.Checked)
            {
                AddContent (new UnicodeEncoding ().GetString (data));
            }
            else
            { }

            lblRevCount.Invoke (new MethodInvoker (delegate))
            {
                lblRevCount.Text = (int.Parse (lblRevCount.Text) + data.Length).ToString ();
            }));
        }
        /// 输入显示区域
        private void AddContent (string content)
        {
            this.BeginInvoke (new MethodInvoker (delegate
            {
                if (chkAutoLine.Checked && txtShowData.Text.Length > 0)
                {
                    txtShowData.AppendText (" \r \n");
```

```csharp
            }
            txtShowData.AppendText (content);
        }));
}
```

(6) 清空数据区域事件：

```csharp
/// 清空接收区
private void btnClearRev_Click (object sender, EventArgs e)
{
    txtShowData.Clear ();
}
/// 清空发送区
private void btnClearSend_Click (object sender, EventArgs e)
{
    txtSendData.Clear ();
}
```

6. 下位机软件设计

参考 7.3 分项实验中的实验 4、实验 5、实验 6，完成质量信号的采集、滤波、换算、显示。

五、思考题

比较实验采用的多种信号调理电路的优缺点。

实验 2 嵌入式 AGV 系统设计

一、实验目的

（1）掌握嵌入式 AGV 系统开发一般流程。
（2）掌握小型嵌入式 AGV 基本结构设计。
（3）掌握 AGV 硬件驱动与接口电路技术。
（4）掌握嵌入式常用测控编程技术。
（5）熟悉无线通信与基本图像识别技术。

二、实验要求

（1）组队并确定实验方案设计。
（2）资料查询，并完善实验方案，形成实验开题报告。
（3）分工完成实验。
（4）系统整体功能演示与验收。
（5）提交设计报告，并完成答辩。

三、实验内容

嵌入式 AGV 系统实验为综合类实验，共 20 学时，由学生分组合作完成。一般每组成员为 4 人左右，分别完成结构、电路、软件相关设计，最终完成上述内容整合，实现嵌入式 AGV 系统。主要实验内容如下：

（1）设计桌面式 AGV 实物，并实现小车自主循迹行走与避障功能。
（2）实现目标（光源或者字符）识别功能。
（3）实现寻迹行走的上位机无线控制。
（4）实现从起点以最优的路径寻迹到达指定光源或者字符处。

四、实验原理

智能物流机器人已经广泛应用到机械、电子、冶金、交通、宇航、国防等领域。自动导引功能和避障功能的实现需要感知引导线和障碍物，实现自动识别路线并选择正确的行进路线，视觉图像等传感器的使用，增强了其智能学习程度，感知 3D 环境并做出判断和相应的执行动作。智能 AGV 设计与开发涉及控制、模式识别、传感技术、汽车电子、电气、计算机、机械等多个学科。

（一）底盘结构设计

不同的机器人产品对底盘的要求也不相同。目前，市面的机器人底盘主要有履带式及轮式机器人底盘之分。

1. 履带式机器人底盘

履带式机器人底盘在特种机器人身上使用较多，可适用于野外、城市环境等，能在各类复杂地面运动，例如沙地、泥地等，但速度相对较低，且运动噪声较大。

2. 轮式机器人底盘

轮式机器人底盘是目前服务机器人使用较多的底盘，主要有前轮转向 + 后轮驱动、两轮驱动 + 万向轮、四轮驱动之分。

（1）前轮转向 + 后轮驱动。前轮转向 + 后轮驱动的轮式机器人底盘主要采用电机、蜗轮蜗杆等形式实现前轮转向，后轮只要一个电机再加上差速减速器，便可完成机器人的移动要求。具有成本低、控制简单等优缺点，但缺点在于转弯半径较大，使用相对不那么灵活。

（2）两轮驱动 + 万向轮。两轮驱动 + 万向轮可根据机器人对设计重心、转弯半径的要求，将万向轮和驱动轮布置不同的形式，结构及电机控制也相对简单，机器人灵活性较强，且算法易控制。

（3）四轮驱动。四轮驱动在直线行走上能力较强，驱动力也比较大，但成本过高，电机控制较为复杂，为防止机器人打滑，需要更精细的结构设计。

（二）AGV 机器人常用传感器

移动机器人智能的一个重要标志就是自主导航，而实现机器人自主导航有一个基本要求，即避障。避障是指移动机器人根据采集的障碍物的状态信息，在行走过程中通过传感器感知到妨碍其通行的静态和动态物体时，按照一定的方法进行有效的避障，最后达到目标点。实现避障与导航的必要条件是环境感知，在未知或者是部分未知的环境下避障需要通过传感器获取周围环境信息，包括障碍物的尺寸、形状和位置等信息，因此传感器技术在移动机器人避障中起着十分重要的作用。避障使用的传感器主要有激光传感器、视觉传感器、红外传感器、超声波传感器等。

1. 激光传感器

激光传感器利用激光来测量到被测物体的距离或者被测物体的位移等参数。比较常用的测距方法是由脉冲激光器发出持续时间极短的脉冲激光，经过待测距离后射到被测目标，回波返回，由光电探测器接收。根据主波信号和回波信号之间的间隔，即激光脉冲从激光器到被测目标之间的往返时间，就可以算出待测目标的距离。由于光速很快，使得在测小距离时光束往返时间极短，因此这种方法不适合测量精度要求很高的（亚毫米级别）距离，一般若要求精度非常高，常用三角法、相位法等方法测量。

2. 视觉传感器

视觉传感器的优点是探测范围广、获取信息丰富，实际应用中常使用多个视觉传感器或者与其他传感器配合使用，通过一定的算法可以得到物体的形状、距离、速度等诸多信息。或是利用一个摄像机的序列图像来计算目标的距离和速度，还可采用SSD（single shot multibox detector，单次多框检测器）算法，根据一个镜头的运动图像来计算机器人与目标的相对位移。但在图像处理中，边缘锐化、特征提取等图像处理方法计算量大，实时性差，对处理机要求高。且视觉测距法检测不能检测到玻璃等透明障碍物的存在，另外受视场光线强弱、烟雾的影响很大。

3. 红外传感器

大多数红外传感器测距都是基于三角测量原理。红外发射器按照一定的角度发射红外光束，当遇到物体以后，光束会反射回来。红外传感器的优点是不受可见光影响，白天黑夜均可测量，角度灵敏度高、结构简单、价格较低，可以快速感知物体的存在，但测量时受环境影响很大，物体的颜色、方向、周围的光线都能导致测量误差，测量不够精确。

4. 超声波传感器

超声波传感器检测距离的原理是测出发出超声波至再检测到发出的超声波的时间差，同时根据声速计算出物体的距离。由于超声波在空气中的速度与温湿度有关，在比较精确的测量中，需把温湿度的变化和其他因素考虑进去。超声波传感器一般作用距离较短，且会有一个最小探测盲区。由于超声波传感器的成本低，实现方法简单，技术成熟，是移动机器人中常用的传感器。

（三）机器人避障技术的分类

目前机器人避障技术根据环境信息的掌握程度可以分为障碍物信息已知、障碍物信息部分未知或完全未知两种。传统的导航避障方法如可视图法、栅格法、自由空间法等算法对障碍物信息已知时的避障问题处理尚可，但当障碍信息未知或者障碍是可移动的时候，传统的导航方法一般不能很好地解决避障问题或者根本不能避障。而实际生活中，绝大多数情况下，机器人所处的环境都是动态的、可变的、未知的，为了解决上述问题，引入了计算机和人工智能等领域的一些算法。同时得益于处理器计算能力的提高及传感器技术的发展，在移动机器人的平台上进行一些复杂算法的运算也变得轻松，由此产生了一系列智能避障方法，比较热门的有：遗传算法、神经网络算法、模糊算法等。

五、思考题

比较现在市场上室内AGV定位系统的优缺点。

实验3 基于机器视觉的产品质量检测系统设计

一、实验目的

(1) 掌握图像质检的基本原理。
(2) 了解实验产品的缺陷特征(本实验以蚕茧为例)检测的方法。
(3) 掌握学习图像处理的算法与编程。

二、实验要求

(1) 组队并确定实验方案设计。
(2) 资料查询,并完善实验方案,形成实验开题报告。
(3) 分工完成实验。
(4) 系统整体功能演示与验收。
(5) 提交设计报告,并完成答辩。

三、实验内容

基于机器视觉的产品质量检测系统设计为综合类实验,共20学时,由学生分组合作完成。一般每组成员为4人左右,分别完成结构、电路、软件相关设计,最终完成上述内容整合,实现产品质量检测,本实验检测产品为蚕茧。主要实验内容如下:
(1) 搭建实验检测平台。
(2) 分析蚕茧缺陷特点。
(3) 采集缺陷蚕茧特征照片。
(4) 实现蚕茧某种特定缺陷的识别算法。
(5) 编写上位机图像处理的软件界面。

四、实验原理

(一)装置工作流程

蚕茧表面图像采集与分选装置的整体结构如图7-4-5所示。蚕茧经过单粒化处理后,经由传送带与拨茧机构将蚕茧送入翻茧机构。实验装置主要工作流程如下:

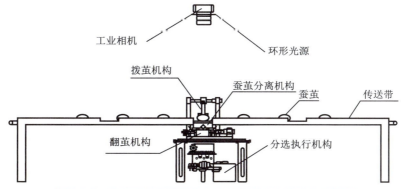

图7-4-5 蚕茧表面图像采集与分选装置的整体结构示意图

（1）蚕茧进入翻茧机构后，系统打开光源，第一次采集蚕茧图像。

（2）翻茧机构实现蚕茧360°翻转，系统在蚕茧翻转的同时继续采集图像，实现蚕茧茧层图像完整采集。

（3）图像采集完成后，蚕茧分离机构将蚕茧推落至分选执行机构中，同时由计算机对采集到图像进行处理、识别，判断蚕茧的类别。拨茧机构送入下一粒待检测的蚕茧，并重复流程（2）。

（4）计算机将识别结果通过串口（RS-485）发送至嵌入式控制系统。系统根据处理结果控制分选执行机构将蚕茧送入到相应的通道中，实现蚕茧的分选。

（二）蚕茧分选辅助装置

主要包括翻茧机构、蚕茧分离机构、分选执行机构。翻茧机构通过翻转蚕茧的方法辅助相机采集蚕茧茧层表面的完整图像。蚕茧分离机构将图像采集完成的蚕茧从翻茧机构中与未完成图像采集的蚕茧分离。分选执行机构根据计算机图像识别结果，分选分离后的蚕茧，将其放入不同的通道。

（三）嵌入式控制系统

嵌入式控制系统采用STM32系列单片机作为主控单元，与计算机通过串口（RS-485）实现通信，配合实现对装置的控制。主控单元通过MOS管控制装置中相机光源的开关状态，通过光电传感器获得各工位工作状态，同时采用专用电机驱动模块TB6612FNG实现装置中直流电动机的启停、正反转控制。

（四）蚕茧图像采集系统

主要包括工业相机、工业定焦镜头、相机光源。采样用LED光源落射照明和背照式照明两种方式为系统提供照明。

五、思考题

了解蚕茧缺陷的类型，试提出各缺陷检测的方案。

实验4　生产线气压测控系统设计

一、实验目的

掌握生产线气压检测与控制基本原理。

二、实验要求

（1）组队并确定实验方案设计。

（2）资料查询，并完善实验方案，形成实验开题报告。

（3）分工完成实验。

（4）系统整体功能演示与验收。

（5）提交设计报告，并完成答辩。

三、实验内容

生产线气压测控系统设计为综合类实验，共 15 学时，由学生分组合作完成。一般每组成员为 4 人左右，分别完成结构、电路、软件相关设计，最终完成上述内容整合，实现实验系统气压闭环控制。主要实验内容如下：

（1）搭建实验检测平台。
（2）利用气压传感器实现生产线上气压检测。
（3）利用比例阀，实现气压大小调节。
（4）采用 PID 算法，实现气压闭环控制。

四、实验原理

（一）气压传感器与信号调理

气压传感器由压力电阻应变片组成，一般为四线制，两根线为电压激励端，另外两根线为差分电压输出端。信号调理选择差分放大器或者仪表放大器，放大倍数选择一个合适的值，使在一定的量程范围内，输出电压在 A/D 转换器的转换电压范围之内。

（二）硬件滤波电路

气压信号经过放大处理后存在很多频率较高的干扰信号，干扰信号影响 A/D 转换的结果。可以设计一个有源低通滤波器来滤除干扰信号，使气压信号变成比较平滑的信号。

（三）比例阀控制

比例阀是阀内比例电磁铁根据输入的电压信号产生相应动作，使工作阀阀芯产生位移，阀口尺寸发生改变并以此完成与输入电压成比例的压力、流量输出的元件。阀芯位移也可以以机械、液压或电形式进行反馈。比例阀具有形式种类多样、容易组成使用电气及计算机控制的各种电液系统、控制精度高、安装使用灵活以及抗污染能力强等多方面优点，应用领域日益拓宽。

本实验中采用 D/A 转换器输出相应的电压，实现气动比例阀控制。

（四）A/D 采样

单片机对放大后的信号进行 A/D 转换，通过处理，把得到的气压信号在显示屏上显示出来，并判断是否符合设置要求。

（1）单片机可以选择较通用的 51 系列单片机或 STM32 等其他单片机。
（2）A/D 转换选择速度较快的 A/D 转换芯片。如 TLC2543（12 位）、TLC1543（10 位）。

（五）PID 算法

参考本书第 4 章 4.2，采用增量式 PID 算法，实现生产线气压控制。

五、思考题

1. 增量式 PID 算法的优点是什么？

2. PID 算法的改进算法有哪些？

实验 5　实验室环境检测系统

一、实验目的

（1）了解工业环境下生产线环境检测相关技术。
（2）掌握生产线环境检测基本原理。

二、实验要求

（1）组队并确定实验方案设计。
（2）资料查询，并完善实验方案，形成实验开题报告。
（3）分工完成实验。
（4）系统整体功能演示与验收。
（5）提交设计报告，并完成答辩。

三、实验内容

实验室环境检测系统设计为综合类实验，共 10 学时，由学生分组合作完成。一般每组成员为 4 人左右，分别完成电路、软件相关设计，最终完成上述内容整合，实现实验室关键环境参数测控。主要实验内容如下：

（1）搭建实验平台。
（2）利用温湿度、光强、有害气体等传感器实现实验室环境检测，并将检测数据上传至上位机。
（3）上位机采用摄像头实现实验室人员数量检测（选做）。
（4）实现实验室光强、温湿度模拟控制。

四、实验原理

（一）智能实验室环境监测系统的组成

1. 气体监测

系统可以对实验室的常规气体（如氧气、二氧化碳、氮气等）、有毒气体（如一氧化碳、二氧化硫等）做出监控。当其浓度超出预警标准值时，系统根据设置的策略自动报警和预警，并将检测数据上传至上位机。

2. 温湿度监控

实验室温湿度关系到实验室的设备正常运行和人员的工作条件，对实验室的温湿度进行实时智能监控成为实验室综合监控的一部分，当实验室内温湿度超出预警温度值或告警温度值的持续时间超出设定值，按设定策略进行本地报警。

3. 空气洁净度监测

系统通过接入相应传感器来监控空气洁净度（如 PM2.5、PM10、灰尘、粉尘等）并实时显示。如超出规定限制会及时预警和报警。

4. 漏水监测

漏水监测是利用传感器对实验室空调、水管周围进行实时的水浸监测，一旦出现漏水情况，系统及时报警。

（二）智能实验室环境控制系统（模拟）

1. 光强控制

模拟控制实验室自动窗帘、电灯等设备，实现光强控制。

2. 温湿度监控

模拟控制实验室空调、加湿器等设备，实现温湿度控制。

五、思考题

了解市场主流智能家居产品，比较其优缺点。

实验 6　智能下料传送装置

一、实验目的

（1）了解实验室自动下料装工作原理。
（2）掌握基于现场需求的产品设计基本方法。

二、实验要求

（1）组队并确定实验方案设计。
（2）资料查询，并完善实验方案，形成实验开题报告。
（3）分工完成实验。
（4）系统整体功能演示与验收。
（5）提交设计报告，并完成答辩。

三、实验内容

智能下料传送装置设计为综合类实验，共 20 学时，由学生分组合作完成。一般每组成员为 4 人左右，分别完成结构、电路、软件相关设计，最终完成上述内容整合，实现实验室产品（药盒）自动下料控制。主要实验内容如下：

（1）根据药盒尺寸，设计并实现简易自动下料装置，每秒下料速度大于 1 个。
（2）采用单片机实现自动下料控制。
（3）统计下料数量，并上传至上位机。
（4）上位机控制及查询系统设计。

四、实验原理

（一）下料机构设计

在参考原有下料装置的机械结构的基础上，重新设计下料装置，可在原设计上进行创新，自主设计。

（二）驱动单元

驱动单元采用电机或气动两种驱动方式，根据驱动单元选择，分别设计相应的驱动电路。

（三）控制单元

根据自身所长，采用"工控机 + PLC"或"工控机 + 单片机"实现装置控制。

五、思考题

比较"工控机 + PLC"和"工控机 + 单片机"实现方案的优缺点。

实验 7　非接触式温度测量装置设计

一、实验目的

（1）了解非接触式温度测量基本原理。
（2）掌握相关信号处理电路、嵌入式程序设计方法。

二、实验要求

（1）组队并确定实验方案设计。
（2）资料查询，并完善实验方案，形成实验开题报告。
（3）分工完成实验。
（4）系统整体功能演示与验收。
（5）提交设计报告，并完成答辩。

三、实验内容

非接触式温度测量装置设计为综合类实验，共 15 学时，由学生分组合作完成。一般每组成员为 4 人左右，分别完成电路、软件相关设计，最终完成上述内容整合，实现非接触式温度测量。主要实验内容如下：

（1）根据要求设计相应的信号调理电路，完成原理图设计。
（2）实现电路仿真（选做）。
（3）PCB 设计与焊接、程序设计。
（4）基于单片机实现温度正确测量与显示，测量精度小于 10%。
（5）实现测量数据无线上传至云存储单元（选做）。

四、实验原理

(一) OTP-538U 基本原理

温度测量主要有两种方法：一种是传统的接触式测量，另一种是以红外测温为代表的非接触式测量。传统的温度测量不仅反应速度慢，而且必须与被测物体接触。在人们的日常生活中，测量温度普遍使用水银温度计，反应比较慢，而且水银一旦泄漏会产生污染并且有毒。红外测温以红外传感器为核心进行非接触式测量，克服了传统测温的不足，得到了广泛的应用。

自然界一切温度高于绝对零度的物体，都在不停地向外发出红外线。物体发出的红外线能量大小及其波长分布同它的表面温度有密切关系，物体的辐射能量与温度的 4 次方成正比，其辐射能量密度与物体本身的温度关系符合普朗克定律。因此通过测量物体辐射出的红外能量的大小就能测定物体的表面温度。微小的温度变化会就会引起明显的辐射能量变化，因此利用红外辐射测量温度的灵敏度很高。

OTP-538U 是一个典型的热电堆传感器。该传感器包含了 116 组串联的热接点，形成了一个直径 545 μm 的感应区。涂黑的表面活性吸收热红外辐射，导致两输出端产生电压差。该传感器芯片采用了一个独特的前表面微加工技术，使得尺寸更小，能更快速地响应环境温度变化的结果。红外窗口是一个带通滤波器，允许测量波长在 5 μm 至 14 μm 之间。热电堆传感器的特色在于与温度参考电阻器在同一块基座上。温度参考电阻器是由外壳至接地。OTP-538U 标准输出电压见表 7-4-1，输出阻抗见表 7-4-2。

表 7-4-1 OTP-538U 标准输出电压（环境温度 25 ℃）

温度/℃	输出电压/mV	温度/℃	输出电压/mV
−20	−1.29	50	1.02
−10	−1.06	60	1.49
0	−0.80	70	1.99
10	−0.51	80	2.52
20	−0.18	90	3.09
25	0.00	100	3.69
30	0.19	110	4.33
40	0.59	120	5.00

表 7-4-2 OTP-538U 输出阻抗

温度/℃	阻抗/kΩ	温度/℃	阻抗/kΩ
−20	919.7	50	36.5
−10	532.0	60	25.29
0	318.3	70	17.85
10	196.3	80	12.82
20	124.4	90	9.347
25	100.0	100	6.911
30	80.83	110	4.332
40	53.73	120	3.113

(二) 信号放大电路设计

信号放大电路设计中的仪表运放、普通差分放大电路设计、低通滤波电路设计参见 7.4 综合实验的实验 1 相关内容。

五、思考题

了解市场主流红外测温方案,比较其优缺点。

实验 8 机械臂码垛实验 1

一、实验目的

(1) 了解码垛装置及码垛机器人基本原理与组成。
(2) 掌握简易码垛机器人结构设计与实现的基本方法。
(3) 掌握相关嵌入式程序设计基本方法。

二、实验要求

(1) 组队并确定实验方案设计。
(2) 资料查询,并完善实验方案,形成实验开题报告。
(3) 分工完成实验。
(4) 系统整体功能演示与验收。
(5) 提交设计报告,并完成答辩。

三、实验内容

本实验为综合类实验,共 20 学时,由学生分组合作完成。一般每组成员为 4 人左右,分别完成电路、软件相关设计,最终完成上述内容整合,实现简易码垛机器人制作。主要实验内容如下:

(1) 根据要求分析码垛机器人最少自由度,并完成结构设计与仿真。
(2) 3D 打印相关零部件,完成码垛机器人装配。
(3) 设计相关控制电路,实现码垛机器人控制。
(4) 码垛机器人调试,完成货物(药盒)码垛,码垛要求为"2×2"(2 行 2 列),完成一次码垛时间小于 10 s。

四、实验原理

码垛机器人具有作业高效、码垛稳定等优点,解放工人繁重体力劳动,已在各个行业的包装物流线中发挥强大作用。其主要优点有:

(1) 占地面积少,动作范围大,能耗低,减少工厂资源浪费。
(2) 提高生产效率,解放繁重体力劳动,实现"无人"或"少人"码垛。

(3) 改善工人劳作条件，摆脱有毒、有害环境。
(4) 柔性高、适应性强，可实现不同物料码垛。

常见的码垛机器人结构多为关节式码垛机器人、摆臂式码垛机器人和龙门式码垛机器人，主要有操作机、控制系统、码垛系统（气体发生装置、液压发生装置）和安全保护装置组成。关节式码垛机器人常见本体多为4轴，亦有5轴、6轴码垛机器人，但在实际包装码垛物流线中5轴、6轴机器人相对较少。码垛主要在物流线末端进行工作，4轴码垛机器人足以满足日常码垛。常见码垛机器人的末端执行器有吸附式、夹板式、抓取式、组合式。

本实验结合实验室现有"2×5"（5行2列）专用码垛机器人，简化结构，设计"2×2"专用码垛机器人（也可自行设计小型机器人结构）。机器人设计要点如下：
(1) 机器人可采用水平关节式或龙门式设计。
(2) 末端执行器一般采用吸附式。
(3) 机器人驱动装置一般为步进电动机。
(4) 机器人控制器可采用单片机或PLC。

五、思考题

比较改实验采用的码垛方案与工业机器人码垛方案的优缺点。

实验9　机械臂码垛实验2

一、实验目的

(1) 了解码垛装置及码垛机器人基本原理与组成。
(2) 掌握码垛机器人编程方法。

二、实验要求

(1) 组队并确定实验方案设计。
(2) 资料查询，并完善实验方案，形成实验开题报告。
(3) 分工完成实验。
(4) 系统整体功能演示与验收。
(5) 提交设计报告，并完成答辩。

三、实验内容

本实验为设计类实验，共10学时，由学生分组合作完成。一般每组成员为2人，实现码垛机器人编程与控制。主要实验内容如下：
(1) 学习工业机器人编程语言（VAL3）。
(2) 码垛机器人运动学分析。
(3) 码垛机器人程序设计，实现"6×6"（6行6列）码盘搬运。

四、实验原理

(一) 机器人运动学

机器人运动学包括正向运动学和逆向运动学,正向运动学即给定机器人各关节变量,计算机器人末端的位置姿态;逆向运动学即已知机器人末端的位置姿态,计算机器人对应位置的全部关节变量。D-H 参数法是常用的描述相邻连杆之间的坐标方向和参数的方法。D-H 参数为:

(1) a_i: $z_i \to z_{i+1}$ 的距离(沿 x 轴);
(2) α_i: $z_i \to z_{i+1}$ 的角度(关于 x 轴);
(3) θ_i: $x_{i-1} \to x_i$ 的角度(关于 z 轴);
(4) d_i: $x_{i-1} \to x_i$ 的距离(沿 z 轴)。

码垛机器人运动学分析步骤:①根据 D-H 参数法原理,测量实验室码垛机器人机构尺寸;②建立机器人坐标系;③编制 D-H 表格;④采用 MATLAB 计算运动学方程。

(二) 码垛程序设计

码盘程序设计可大大减少机器人示教点量。码盘程序设计主要有以下优点:①使校点更简单;②可复制位置;③码盘点的偏移方便。码盘设计步骤及关键函数如下:

(1) 坐标系示教:①使用一个精确的工具:pointer;②定义这个工具;③示教 3 个点,3 个点的相互距离尽量远(增加精度)。
(2) 由程序计算生成坐标系:nError = setFrame (pOrigin, pX, pY, fRef);
(3) 在一个坐标系中根据偏移量生成对应的点:Compose (point, frame, trsf);
(4) 在 2 个不同坐标系中使用两个相同的码盘:①在每个坐标系中建立一个点;②示教一个点;③将偏移量 trsf 复制到另一个点 (pRef2. trsf = pRef1. trsf)。

五、思考题

了解工业码垛机器人主要技术参数。

实验 10 直流电动机控制实验

一、实验目的

(1) 了解直流电动机的一般控制方法。
(2) 实现电动机的正反转及调速控制。
(3) 实现电动机转速测试与显示。

二、实验要求

(1) 组队并确定实验方案设计。

(2) 资料查询，并完善实验方案，形成实验开题报告。
(3) 分工完成实验。
(4) 系统整体功能演示与验收。
(5) 提交设计报告，并完成答辩。

三、实验内容

直流电动机实验为设计类实验，共 8 学时，由学生分组合作完成。一般每组成员为 2 人，实现码垛机器人编程与控制。主要实验内容如下：
(1) 实现直流电动机正反转控制。
(2) 实现基于 PWM 的直流电动机无级调速。
(3) 实现直流电动机速度测量。
(4) 基于 PID 算法实现直流电动机速度闭环控制。

四、实验原理

（一）直流电动机 PWM 调压调速系统

1. 无制动不可逆 PWM 调速系统

图 7-4-6 为无制动的不可逆 PWM 电动机控制原理图。它的特点是结构简单，可实现无级调速。由于在这种结构中电动机的电枢电流不能反向流动，因此它不能工作在制动状态，不能实现正反转控制。

2. 有制动不可逆 PWM 调速系统

无制动不可逆 PWM 系统，由于电流不能反向流动，因此不能产生制动作用，其性能受影响。为了产生制动作用，必须增加一个开关管。为反向电流提供通路。图 7-4-7 就是按照这样的思路设计的有制动不可逆 PWM 系统。系统增加了一个开关管 V_2，只在制动时起作用。

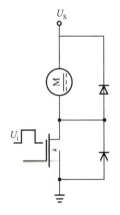

图 7-4-6　无制动的不可逆 PWM
电动机控制原理图

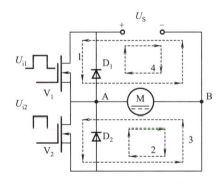

图 7-4-7　有制动不可 PWM 电动机控制原理图

3. 双极性驱动可逆 PWM 控制系统

图 7-4-8 是双极性驱动可逆 PWM 控制系统。它内 4 个开关管和 4 个续流二极管组成，单电源供电。4 个开关管分成两组，V_1、V_4 为一组，V_2、V_3 为另一组。同一组的开关管同步导通或关断，不同组的开关管的导通与关断正好相反。

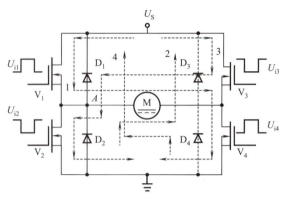

图 7-4-8　双极性驱动可逆 PWM 控制系统

4. 电动机控制专用集成电路

电动机控制专用集成电路正在广泛地在电动机控制中获得应用，赋予更多的功能，减轻设计任务，使电动机控制更为有效。

电动机控制电路集成有两个途径。一条途径是，对于在功率管理方面有设计专长的公司，目标为将电动机控制器和中等电流功率 MOSFET 集成在一个芯片上。对于大功率应用，厂商时常将电动机控制器和功率 MOSFET 栅极驱动电路组合在一个芯片上，可驱动外面的较大功率的 MOSFET 和 IGBT。集成的另一个途径是，对于兼有高级集成电路能力和功率驱动专长的少数厂商来说，他们的集成方法是将硬件和程序基础结构放在一个模块里。

(二) 电动机测速

光电编码器是一种数字式角度传感器，它能将角位移量转换为与之对应的电脉冲进行输出，主要用于机械转角位置和旋转速度的检测与控制。在以光电编码器构成的测速系统中，常用的测速方法有三种，即 "M 法"、"T 法" 和 "M/T 法"。加速度值理论上只要根据上述方法测得的相邻两个速度点的速度差及其间隔时间即可计算得到。在分析、比较现有的基于光电编码器的各种测速方法的基础上提出了一种新的方法，具有较高的测速精度和实时性。

"M 法" 测速：通过测量一段固定的时间间隔内的编码器脉冲数来计算转速，适用于高速场合。"T 法" 测速：通过测量编码器两个相邻脉冲的时间间隔来计算转速，适用于速度比较低的场合，当转速较高时其准确性较差。"M/T 法" 测速："M/T 法" 则是前两种方法的结合，同时测量一定个数编码器脉冲和产生这些脉冲所花的时间，在整个速度范围内都有较好的准确性，但是对于低速，该方法需要较长的检测时间才能保证结果的准确性，无法满足转速检测系统的快速动态响应指标。

五、思考题

比较直流电动机控制电路方案优缺点。

附　录

附录 A　单片机板接口及安装

表 1　单片机板接口及说明（接口见图 1）

序号	名称	控制接口	说　明
1	电源	无	（1）电源可由左上角的 OUT/IN 接导线输入，范围为 9~12 V；也可由左上角的 12 VIN 接电源适配器输入，此时 OUT/IN 兼作 12 V/5 V 输出给其他电路板使用，无输入短路保护。 （2）电源也可由右侧的 ISP 下载器提供 5 V，此时下载器需连接计算机的 USB 接口，电源开关为电路板右下角的 USB ON/OFF （3）5 V 电源也可由右下角的 USB 接口提供，开关同样为右下角的 USB ON/OFF。 （4）左下角的两个红色 LED 灯为电源指示灯，当只由计算机的 USB 接口供电时，5 V 灯亮，12 V 灯不亮；当由电源适配器供电且电源开关打到 ON 挡位时，两个灯都亮。 （5）如需测试波形，左下角的两个焊盘接裸露导线，方便测试
2	单片机	无	（1）适用于 STC 系列的单片机。 （2）单片机的晶振可以更换，默认焊接 12 MHz 的晶振，晶振频率不同，单片机的运行频率也不同
3	继电器	P3.6	继电器由 P3.6 控制、Q2 驱动，低电平吸合，此时，P1 的右边两个插针短接，左边两个插针断开；高电平反之
4	蜂鸣器	P3.7	蜂鸣器由 P3.7 控制、Q1 驱动，低电平响，高电平不响
5	ADC	P1[3-0]	（1）ADC 的电压基准由 R14 调节，可调范围为 2.500~5.000 V，调在 4.096 V 时，ADC 的分辨率为 1 mV，该电压在电路板右上角 Uref 处测量，如果使基准电压不可调，则短路 TL431 后的焊盘。 （2）ADC 的模拟量输入可以接右上角 P5 插座的任意几个，对应的 AD 通道数为 A0~A7，在程序中修改"port"值即可。 （3）A8 通道接温度传感器 LM35 的输出，默认不焊接。 （4）A9 通道接光敏电阻（ROPT），可以用来检测光强。 （5）A10 通道接 R22、R21 分压后的电压，约为 1.666 V
6	LCD	P2.7-RS P2.6-RW P2.5-E P2.3-RST P2.4-PSB P2.0-BL P0.0-DATA	（1）此 LCD 的对比度由左下角的 R16 调节。 （2）背光亮度由 R15 大小决定。 （3）背光的开关由 P2.0 控制，Q3 驱动。P2.0 = 0，背光最亮，P2.0 = 1，背光关闭，P2.0 为 PWM 波，则背光亮度可调，可以通过读取环境光强来调节背光开关或者亮度
7	指示灯	P2.1-绿 P2.2-白	（1）输出低电平，对应的灯亮，高电平对应灯熄灭。 （2）正常工作时，绿灯亮。 （3）发生故障时，白灯亮
8	独立按键	K1-P3.2 K2-P1.7 K3-P1.6	（1）若按键没按下，则对应的 I/O 口为高电平，按下则为低电平。 （2）K1 接的是外部中断 0，可以用中断来检测按键
9	复位按键	K4-RST	当单片机需要复位时按下该按键

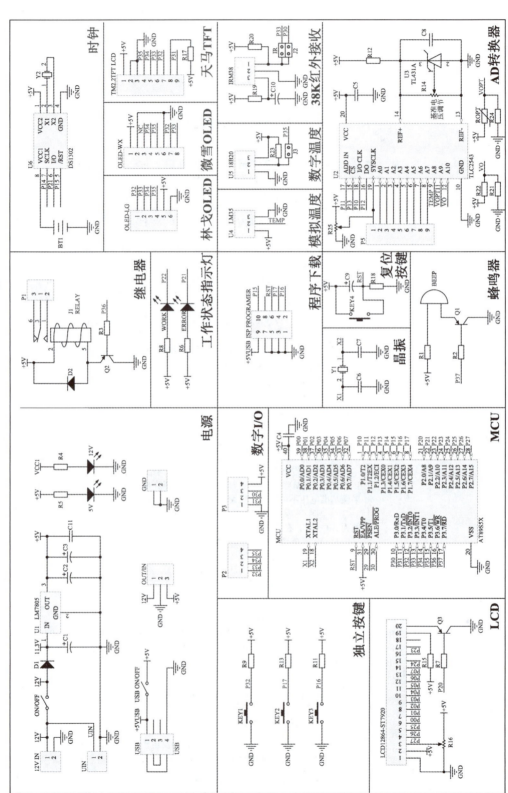

图1 最小系统板原理图

表2 最小系统板焊接顺序

序号	元器件名称	数量	焊接注意事项
1	10 Ω 电阻	2	—
2	1 kΩ 电阻	4	—
3	1.2 kΩ 电阻	1	右上角的 R12 nK 位置请焊接 1.2 kΩ 电阻
4	2 kΩ 电阻	2	—
5	4.7 kΩ 电阻	4	—
6	10 kΩ 电阻	4	—
7	光敏电阻 ROPT	1	无正负极之分
8	二极管 1N4007	2	注意正负极
9	30 pF 瓷片电容	2	无正负极之分
10	104 瓷片电容	6	无正负极之分
11	12 MHz 晶振	1	无正负极之分
12	两脚直插按键	4	无正负极之分
13	稳压芯片 LM7805	1	注意极性方向,字体朝上
14	20 引脚直角插针	1	长的一侧朝外,焊接短的一侧
15	20 引脚芯片插座	1	缺口方向右,焊错芯片不插错也可以
16	40 引脚芯片插座	1	缺口方向右,焊错芯片不插错也可以
17	三极管 8550	3	不要焊到 U3 TL431A 的位置
18	电源开关(6个脚)	1	拨动端朝外
19	LED 灯	2	下正上负
20	电源插座	1	—
21	10 芯牛角插座	1	—
22	蓝色电位器 103 大	1	调节端在左下角
23	蓝色电位器 103 小	2	调节端在右侧
24	20 引脚单排母座	1	焊接在下面一排的 20 引脚位置
25	10 μF 电解电容	1	注意正负极
26	100 μF 电解电容	4	注意正负极
27	蜂鸣器	1	上正下负
28	继电器	1	—
29	红、黑鳄鱼夹线	红、黑各1	左黑右红,焊接完用胶枪打胶固定
30	铜柱+螺钉	各4	最后安装,上铜柱在下,螺钉在上
31	电压基准 TL431	1(最后发)	为防止与三极管 8550 混淆,最后发放

※电路板中打"×"的元器件可以不焊。

※焊接完毕后,领取电源适配器1个、单片机1个、AD 转换芯片1个、液晶屏1个,芯片缺口朝右侧插到底座上,接入电源适配器,电路板左上角的开关打到上面,则整个电路板通电并开始测试电路板各模块。如果液晶屏显示不清晰,用螺丝刀调节电路板右下角的 R16。

※调节 R14,使右上角两个焊盘之间的电压为 4.096 V,该电压为基准电压。

※领取 USB 下载线,装好驱动(或者免驱)后可以用"STC_ISP"软件下载程序,方法如下:

方法1:单 USB 供电。在 STC_ISP 软件中选中单片机型号、HEX 文件,直接下载即可。

方法2:单 12 V 适配器供电。下载软件后,把电路板左上角的开关关闭,再立即打开即可。

下载注意:当计算机休眠被唤醒后,应该重新插拔一下下载器,否则无法下载程序。

附录 B 项目过程控制——项目领料单

表 3 项目领料单

时间： 班/组号	组长签字	项目 1： 元器件明细	项目 2： 元器件明细	项目 3： 元器件明细	备注

附录 C 项目过程控制——实验过程评价表

表 4 实验过程评价表

序号	评价老师:			时间:							平均成绩	实验备注
	班/组号	组长	项目名称	1	2	3	4	5	6	7	8		
1													
2													
3													
4													
5													
6													

附录 D 项目验收——答辩评价表

表 5 答辩评价表

制表时间:		评价老师:				
序号	班/组号	项目名称	验收（指标：优、良、中、及格、不及格）	验收成绩［时间分（1~5分）；项目完成度等级分（实现自主创新功能三项加10分，两项加5分，一项加1分）］	PPT答辩考评项	答辩成绩
1						
2					(1) 层次明晰内容充实； (2) 创新设计是否突出； (3) 总结体会是否深刻； (4) 问题答辩是否正确	
3						
4						

附录 E 常用电子元器件选型表

表 6 常用电子元器件选型

1. 电源

1.1 开关电源芯片

名称	型号	参　　数
单片开关电源稳压器	TOP245	输入 AC85~265 V，50 Hz/60 Hz，最大功率 60 W
	UC3843B	工作电压范围 DC8.2~30 V，输出驱动电流 1 A，最大使用频率 500 kHz
	TL494	工作电压范围 DC7.0~40 V，输出驱动电流 500 mA，最大使用频率 200 kHz
	MC34063A	输入 DC3.0~40 V，输出电压可调，输出开关电流 1.5 A，100 kHz 工作频率，逐个周期的电流限制，最大电源电流 4 mA
DC-DC 升压转换器	MAX1676	输入 DC0.7~5.5 V，输出电压 2.0~5.5 V 可调，输出电流 200 mA，电源电流 16 μA

1.2 线性固定电压调整器

名称	型号	参　　数
三端稳压器	AS1117	最大输入电压 12 V，最小压差 1.2 V，输出电压 1.5 V、2.5 V、2.85 V、3.0 V、3.3 V、5.0 V，输出电流 800 mA
	78L00 系列	最大输入电压 35 V，最小压差 1.7 V，输出电流 100 mA
	78M00 系列	最大输入电压 35 V，最小压差 2.2 V，输出电流 500 mA
	7800 系列	最大输入电压 35 V，最小压差 2.2 V，最大输出电流 1.5 A
三端负向电压调整器	79L00 系列	最大输入电压 -35 V，最小压差 1.7 V，输出电流 -100 mA
	79M00 系列	最大输入电压 -35 V，最小压差 1.1 V，输出电流 -500 mA
	7900 系列	最大输入电压 -35 V，最小压差 2.2 V，最大输出电流 -1.5 A

1.3 线性可调电压调整器

名称	型号	参　　数
可调式三端正向电压调整器	LM317L	最大允许压差 40 V，最小压差 2.5 V，输出电压可调范围 1.25~37 V，最大输出电流 100 mA，最小负载电流 5 mA
	LM317M	最大允许压差 40 V，最小压差 2.5 V，输出电压可调范围 1.25~37 V，最大输出电流 500 mA，最小负载电流 10 mA
	LM317	最大允许压差 40 V，最小压差 3.0 V，输出电压可调范围 1.25~37 V，最大输出电流 1.5 A，最小负载电流 12 mA
可调式三端负向电压调整器	LM337L	最大允许压差 40 V，最小压差 2.5 V，输出电压可调范围 -1.25~-37 V，最大输出电流 -100 mA，最小负载电流 -5 mA
	LM337M	最大允许压差 40 V，最小压差 2.5 V，输出电压可调范围 -1.25~-37 V，最大输出电流 -500 mA，最小负载电流 -10 mA
	LM337	最大允许压差 40 V，最小压差 3.0 V，输出电压可调范围 -1.25~-37 V，最大输出电流 -1.5 A，最小负载电流 -10 mA

2. 运算放大器

通用运算放大器	TL032	最大输入失调电压 1.5 mV，共模抑制比 94 dB，输入偏置电流 2 pA，带宽 1.1 MHz，压摆率 5.1 V/μs，电源电压 ±5.0 ~ ±18 V，内部每个放大器电源电流 0.28 mA
	TLC4501	最大输入失调电压 0.1 mV，共模抑制比 100 dB，输入偏置电流 1 pA，带宽 4.7 MHz，压摆率 2.5 V/μs，电源电压 4.0 ~ 6.0 V，内部每个大器电源电流 1.5 mA
	LM358	最大输入失调电压 7.0 mV，共模抑制比 70 dB，电源抑制比 100 dB，开环电压增益 100 V/mV，输入差动电压范围 0 ~ V_{CC}，输入共模电压范围 0 ~ 28.3 V（V_{CC} = 30 V），输出电压范围 0 ~ 3.5 V（V_{CC} = 5 V，R_L = 10 kΩ），带宽 1 MHz，压摆率 0.6 V/μs，电源电压 ±1.5 ~ ±16 V 或 3.0 ~ 32 V，输出高电平电流 40 mA，输出低电平电流 20 mA，输出短路时间连续，最大电源电流 3.0 mA
精密运算放大器	TLC2654	最大输入失调电压 20 μV，共模抑制比 125 dB，输入偏置电流 50 pA，带宽 1.9 MHz，压摆率 3.7 V/μs，电源电压 ±2.3 ~ ±8 V，内部每个大器电源电流 2.4 mA
	OP07	最大输入失调电压 75 μV，共模抑制比 123 dB，电源抑制比 136 dB，开环电压增益 500 V/mV，输入差动电压范围 0 ~ V_{CC}，输入共模电压范围 ±14 V（V_{CC} = ±15 V），输出电压范围 ±13 V（V_{CC} = ±15 V，R_L = 10 kΩ），带宽 1 MHz，压摆率 0.6 V/μs，电源电压 ±3 ~ ±18 V，输出短路时间不定，最大电源电流 3.0 mA
	AD8572	最大输入失调电压 5 μV，共模抑制比 140 dB，电源抑制比 130 dB，开环电压增益 145 dB，满摆幅输入输出，输出电流 30 mA，带宽 1.5 MHz，压摆率 0.4 V/μs，电源电压 2.7 ~ 6 V，内部每个运放最大电源电流 1 000 μA
	OPA4344	最大输入失调电压 1.2 mV，共模抑制比 92 dB，电源抑制比 90 dB，开环电压增益 120 dB，满摆幅输入输出，输出短路时间连续，带宽 1 MHz，压摆率 0.8 V/μs，电源电压 2.7 ~ 5.5 V，内部每个运放最大电源电流 0.25 mA
	TVL2372	最大输入失调电压 4.5 mV，共模抑制比 68 dB，电源抑制比 80 dB，开环电压增益 110 dB（V_{CC} = 5 V），满摆幅输入输出，输出电流 7 mA，带宽 3 MHz，压摆率 2.4 V/μs，电源电压 ±1.35 ~ ±8 V 或 2.7 ~ 16 V，内部每个运放最大电源电流 0.55 mA
	MAX492	最大输入失调电压 0.5 mV，共模抑制比 90 dB，电源抑制比 110 dB，电压增益 108 dB，满摆幅输入输出，输出短路电流 30 mA，输出短路时间不定，带宽 500 kHz，压摆率 0.2 V/μs，电源电压 ±1.35 ~ ±3.0 V 或 2.7 ~ 6.0 V，内部每个运放最大电源电流 170 μA
仪表放大器	AD623B	最大输入失调电压 100 μV，共模抑制比 86 dB，电源抑制比 110 dB，电压增益可调范围 1 ~ 1 000，满摆幅输入输出，输出短路时间不定，单位增益带宽 800 kHz，压摆率 0.3 V/μs，电源电压 ±2.5 ~ ±6 V 或 2.7 ~ 12 V，最大电源电流 625 μA
	MAX4194	最大输入失调电压 690 μV，共模抑制比 115 dB，电源抑制比 120 dB，输入电压范围 V_{EE} + 0.2 V ~ V_{CC} − 1.1 V，满摆幅输出，输出短路电流 4.5 mA，输出短路时间连续，带宽 250 kHz，压摆率 0.06 V/μs，电源电压 ±1.35 ~ ±3.75 V 或 2.7 ~ 7.5 V，最大电源电流 110 μA
	INA128	最大输入失调电压 50 μV，共模抑制比 120 dB，输入电压范围 ±40 V，输出短路电流 +6 mA/−15 mA，输出短路时间连续，带宽 1.3 MHz，压摆率 4 V/μs，电源电压 ±2.25 ~ ±18 V，最大电源电流 750 μA

3. 比较器

通用比较器	LM339A	最大输入失调电压 2.0 mV，电压增益 80 dB，输入共模电压范围 $0 \sim V_{CC} - 1.5$ V，最大差分输入电压 V_{CC}，输出电流 16 mA，电源电压 $\pm 1.0 \sim \pm 18$ V 或 $2.0 \sim 36$ V，每比较器最大电源电流 2.5 mA
	LTC1541	比较器最大输入失调电压 2.5 mV，运放最大输入失调电压 1.65 mV，运放电压增益 140 dB，输入共模电压范围 $V_{SS} \sim V_{CC} - 1.3$ V，输出电流 ± 1.8 mA，电源电压 $\pm 1.25 \sim \pm 6.3$ V 或 $2.5 \sim 12.6$ V，每比较器最大电源电流 17 μA
低电压比较器	MAX4164	最大输入失调电压 6 mV，共模抑制比 100 dB，电源抑制比 110 dB，大信号电压增益 120 dB，满摆幅输入输出，200 kHz 单位增益带宽，输出短路电流 ± 15 mA，输出短路时间 10 s，压摆率 115 V/mS，电源电压 $\pm 1.35 \sim \pm 5$ V 或 $2.7 \sim 10$ V，每比较器最大电源电流 25 μA
宽电压比较器	TLC352	最大输入失调电压 7 mV，满摆幅输出，输出短路电流 ± 20 mA，电源电压 $\pm 0.75 \sim \pm 9$ V 或 $1.5 \sim 18$ V，每比较器最大电源电流 150 μA

4. 电压基准

精密电压基准	AD588	初始精度 0.01%，温漂 1.5 ppm/℃（1 ppm = 10^{-6}），输出电压 ± 5 V 或 ± 10 V，输出电流 10 mA，电源电压范围 $2 \sim 36$ V，最大电源电流 12 mA
	ADR420	初始精度 0.05%，温漂 3 ppm/℃，输出电压 2.048 V，输出电流 10 mA，电源电压范围 $4 \sim 18$ V，最大电源电流 0.5 mA
	REF198	初始精度 0.05%，温漂 5 ppm/℃，输出电压 4.096 V，输出电流 30 mA，电源电压范围 $6.4 \sim 15$ V，最大电源电流 45 μA
	LT1634	初始精度 0.05%，温漂 10 ppm/℃，输出电压 1.25 V、2.5 V、4.096 V、5.0 V，最大工作电流 100 mA（1.25 V）、50 mA（2.5 V）、30 mA（4.096 V、5.0 V），最大反向电源电流 20 mA
	MAX6325	初始精度 0.02%，温漂 1 ppm/℃，输出电压 2.500 V，输出电流 ± 15 mA，电源电压范围 $8 \sim 36$ V，最大电源电流 3.0 mA
通用电压基准	TL431A	初始精度 1%，温漂 30 ppm/℃，可调输出电压范围 $2.495 \sim 36$ V，工作电流 $1 \sim 100$ mA，最小调整电流 1 mA
	LM385	初始精度 1%、1.5%、2%、3%，温漂 80 ppm/℃，长期稳定性 80 ppm/1 000 h，固定输出电压 1.235 V 或 2.500 V，工作电流 10 μA ~ 20 mA

5. 有源滤波器

集成有源滤波芯片	MF10	可构成低通、高通、带通、带阻、全通滤波器，频率范围 10 Hz ~ 1 MHz，电源电压 $+8 \sim +14$ V 或 $\pm 4 \sim \pm 7$ V，电源电流 12 mA
	MAX260	数字可编程，可构成低通、高通、带通、带阻、全通滤波器，频率范围 0.01 Hz ~ 7.5 kHz，电源电压 $+4.75 \sim +12.6$ V 或 $\pm 2.37 \sim \pm 6.3$ V，电源电流 20 mA

6. 接口器件

RS232 收发器	MAX232E	双收发器，± 15 kV ESD 保护，电源电压 $4.5 \sim 5.5$ V
	MAX3232E	单收发器，± 15 kV ESD 保护，电源电压 $3.0 \sim 5.5$ V
	MAX203E	双收发器，± 15 kV ESD 保护，电源电压 $4.5 \sim 5.5$ V，无外部电容
	MAX3380E	双收发器，± 15 kV ESD 保护，电源电压 $2.35 \sim 5.5$ V，电源电流 1 mA

RS-485 收发器	MAX3485E	±15 kV ESD 保护，电源电压 3.0~3.6 V，电源电流 2.2 mA
	MAX3488E	±15 kV ESD 保护，电源电压 3.0~3.6 V，电源电流 2.2 mA
	MAX485E	±15 kV ESD 保护，电源电压 4.75~5.25 V
	MAX488E	±15 kV ESD 保护，电源电压 4.75~5.25 V
全隔离半双工 RS-485 收发器	MAX1480B	隔离电压 1 500 V，波特率 0.25 Mbit/s，静态电流 10 μA，电源电压 5 V
全隔离全双工 RS-422 收发器	MAX1490B	隔离电压 1 500 V，波特率 0.25 Mbit/s，静态电流 10 μA，电源电压 5 V
逻辑电平转换器	MAX3001E	8 通道，双向，±15 kV ESD 保护，保证数据速率 4 Mbit/s，V_L 为 1.2~5.5 V，V_{CC} 为 1.65~5.5 V，电源电流 10 μA
逻辑电平转换器	MAX3372E	2 通道，双向，±15 kV ESD 保护，保证数据速率 230 kbit/s，V_L 为 1.2~5.5 V，V_{CC} 为 1.65~5.5 V，电源电流 130 μA

7. 转换器件

7.1 V/F 转换器

精密频率/电压转换器	AD7740	输入频率范围 32~1 000 kHz，输出电压范围 0~4 V（V_{CC} = 5 V），精度 0.012%，电源电压 3~5.25 V，最大电源电流 1.5 mA
	LM331	输出频率 1 Hz~100 kHz，非线性 0.01%，电源电压 4~40 V，最大电源电流 8 mA

7.2 V/I 转换器

精密电流/电压转换器	RCV420	4~20 mA 转成 0~5 V，±40 V 共模输入范围，误差 0.1%，带宽 150 kHz，压摆率 1.5 V/μs，电源电压 ±12~±18 V，最大电源电流 4 mA
	XTR105	输出 4~20 mA，误差 0.4%，电源电压 7.5~36 V

7.3 D/A 转换器

电压输出 D/A 转换器	AD558	8 位，并行输入，电压输出范围 0~10 V，相对精度 ±(1/2) LSB，输出建立时间 1 μs，电源电压 5~15 V
	MAX503	10 位，并行输入，电压输出范围 0~4.096 V，相对精度 ±(1/2) LSB，内置 2.048 V 基准，电源电压 ±5 V 或 +5 V，电源电流 250 μA
	MAX530	12 位，并行输入，电压输出范围 0~4.096 V，相对精度 ±(1/2) LSB，内置 2.048 V 基准，电源电压 ±5 V 或 +5 V，电源电流 250 μA
	TLC5615	10 位，串行输入，单通道输出，建立时间 12.5 μs，线性度 ±1.0 LSB，转换速率 80 kHz，外部基准，电源电压 5 V
电流输出 D/A 转换器	AD7520	10 位，并行输入，相对精度 0.05%，输出建立时间 0.5 μs，基准输入 −10~+10 V，电源电压 +5~+15 V

7.4 A/D 转换器

串行输出 A/D 转换器	TLC1549	10 位分辨率，单通道，串行输出，内部时钟，转换时间 21 μs，线性度 ±1.0 LSB，电源电压 5 V
	AD7468	8 位单通道，SPI 串行数据接口，转换速率 320 kHz，输入电压范围 0 ~ V_{DD}，电源电压 1.6 ~ 3.6 V，电源电流 300 μA
	AD7908	8 位 8 通道，SPI 串行数据接口，转换速率 1 MHz，输入电压范围 0 ~ V_{REF} 或 0 ~ $2V_{REF}$，电源电压 2.7 ~ 5.25 V，电源电流 600 μA

8. 驱动器件

高速反相双 MOS 驱动器	MC34151	推挽输出电流 1.5 A，施密特触发输入，驱动 1 000 pF 电容典型转换时间为 15 ns，电源欠电压锁定，电源电压 6.5 ~ 18 V，最大电源电流 15 mA
全桥 PWM 直流电机控制器	A3955	正反向控制，逐个周期的电流限制，输出耐压 50 V，输出电流 1.5 A，电源电压 4.5 ~ 5.5 V
全桥功率驱动器	LG9110	内置钳位二极管，电源电压 2.5 ~ 12 V，连续输出电流 800 mA
无刷直流电机控制器	MC33033	正反向控制，电源欠压锁定，逐个周期的电流限制，内部热关断，电源电压 10 ~ 30 V，最大电源电流 22 mA
四相单极性步进电机控制器	QA748048	2 或 1 相励磁方式，4 相 8 拍脉冲分配，正反转控制，最高时钟输入频率 20 kHz，也可用于二相单极性步进电机，电源电压 3.0 ~ 6.5 V，最大电源电流 3.3 mA
直流伺服电机控制器	MC33030	输出电流 1.0 A，位置反馈控制，电源过电压锁定，电流限制，电源电压 7.5 ~ 30 V，最大电源电流 25 mA
双向晶闸管相角控制器	TDA1185A	以 110 V/50 Hz 或 220 V/60 Hz 市电线路作为供电电源，软启动，最大电源电流 6 mA
通用功率驱动器	ULN2803A	8 路反相 OC 输出，输出电流 0.5 A，输出电压 50 V，最大输入电流 25 mA，内置钳位二极管

9. 模拟开关

通用模拟开关	CD4051	8 通道，接通电阻 180 Ω，开关电流 35 mA，开关时间 0.8 μs，双向传输，阻断电压 25 V，电源电压 5 ~ 15 V，最大电源电流 10 μA
	MAX4561	SPDT，接通电阻 120 Ω，开关电流 10 mA，开关时间 0.18 μs，双向传输，阻断电压 V_{CC} +0.3 V，±15 kV ESD 保护，电源电压 1.8 ~ 12 V，最大电源电流 10 μA
	MAX4736	双 SPDT，接通电阻 2 Ω，开关电流 100 mA，开关时间 20 ns，双向传输，阻断电压 V_{CC} +0.3 V，±15 kV ESD 保护，电源电压 1.6 ~ 3.6 V，最大电源电流 10 μA

10. 数字电位器

通用数字电位器	X9315	32 点，三线串行接口，位置锁存，线性 10 kΩ、50 kΩ、100 kΩ 可选，电源电压 2.7 ~ 5.5 V，静态电源电流 1 μA
	X9429	64 点，I^2C 总线接口，位置锁存，线性 2.5 kΩ、10 kΩ 可选，电源电压 2.7 ~ 5.5 V，静态电源电流 5 μA

11. 光耦

光耦晶闸管	MOC3063	过零检测，输出管耐压 600 V，隔离电压 7 500 V
通用光耦	TLP521	单路、双路或四路，输出晶体管耐压 55 V，隔离电压 5 300 V
通用光耦	MOC8080	单路达林顿输出，输出晶体管耐压 55 V，隔离电压 5 300 V

12. 二极管

通用整流二极管	1N4007	1 A，1 000 V
	1N5408	3 A，1 000 V
	P6A10	6 A，1 000 V
高效整流二极管	HER108	1 A，1 000 V，最大反向恢复时间 75 ns
	HER158	1.5 A，1 000 V，最大反向恢复时间 75 ns
	HER208	2 A，1 000 V，最大反向恢复时间 75 ns
	HER308	3 A，1 000 V，最大反向恢复时间 75 ns
	HER608	6 A，1 000 V，最大反向恢复时间 75 ns
快恢复二极管	FR107	1 A，1 000 V
	FR157	1.5 A，1 000 V
	FR207	2 A，1 000 V
	FR307	3 A，1 000 V
	FR607	6 A，1 000 V
肖特基二极管	1N5819	1 A，40 V
	SR160	1 A，60 V
	SR260	2 A，60 V
	SR360	3 A，60 V
	SR860	8 A，60 V
	SR1660	16 A，60 V
稳压二极管	BZX55C 系列	1/2 W，2.4~47 V
	1N52××B 系列	1/2 W，2.4~47 V
	1N47××A 系列	1 W，3.3~100 V

贴片稳压二极管	ZMM55C 系列	1/2 W，2.4～47 V
	ZMM52××B 系列	1/2 W，2.4～47 V
	DL47××A 系列	1 W，3.3～100 V
开关二极管	1N4148	150 mA，100 V

13. 三极管

通用三极管	S9012	PNP，0.5 A，25 V，0.625 W，150 MHz，$\beta=64\sim300$
	S9013	NPN，0.5 A，25 V，0.625 W，150 MHz，$\beta=64\sim300$
	C945	NPN，0.15 A，50 V，0.4 W，200 MHz，$\beta=70\sim700$
	S8550	PNP，0.5 A，25 V，0.625 W，150 MHz，$\beta=85\sim300$
	SS8550	PNP，1.5 A，25 V，1 W，150 MHz，$\beta=85\sim300$
	SS8050	NPN，1.5 A，25 V，1 W，150 MHz，$\beta=85\sim300$
	2SD1616A	NPN，1 A，60 V，0.75 W，100 MHz，$\beta=135\sim600$
	2SB1616A	PNP，1 A，60 V，0.75 W，100 MHz，$\beta=135\sim600$
	2SB1260	PNP，1 A，80 V，0.5 W，80 MHz，$\beta=82\sim390$
开关三极管	2N4401	NPN，0.6 A，40 V，0.625 W，250 MHz，$\beta=100\sim300$
	2N4403	PNP，0.6 A，40 V，0.625 W，200 MHz，$\beta=100\sim300$

14. 场效应管

通用场效应管	IRF840	N 沟道增强型，8 A，550 V，125 W，0.85 Ω，TO-220 封装
	IRFP440	N 沟道增强型，8 A，550 V，125 W，0.85 Ω，TO-3P 封装
	IRF9642	P 沟道增强型，9 A，200 V，125 W，0.7 Ω，TO-220 封装
	IRFP9242	P 沟道增强型，9 A，200 V，125 W，0.7 Ω，TO-3P 封装

15. 保护器件

ESD 保护器件	P6KE 系列	600 W，保护电压 6.8～400 V
	P1.5KE 系列	1 500 W，保护电压 6.8～400 V
	MAX3202	双路，±15 kV ESD 保护
	MUP4301	四路，±15 kV ESD 保护
	DS9502	单路，±27 kV ESD 保护

附录 F 图形符号对照表

表 7 图形符号对照表

序号	名称	国家标准画法	软件中的画法
1	电阻		
2	可调电阻		
3	手动按钮		
4	极性电容		
5	自复位按钮		
6	光耦合器		
7	MOS 管		
8	直流电动机		
9	二极管		
10	发光二极管		
11	接地		

参 考 文 献

[1] 张新娜,王栋. 工业系统技术应用实践 [M]. 北京:中国质检出版社,中国标准出版社,2015.
[2] 孙传友,孙晓斌. 测控系统原理与设计 [M]. 2版. 北京:北京航空航天大学出版社,2007.
[3] 冯凯昉. 工程测试技术 [M]. 西安:西北工业大学出版社,1994.